三原唯一の酒蔵

「酔心」から届いた手紙

山根雄一

はじめに

三原は広島県のなかでも古い酒どころです。かつての三原城を中心に、東西に分かれた城下町には多くの酒蔵がありました。しかし、現在は『醉心山根本店』ただ一つしかありません。

昭和30年代には、まだ10軒の酒蔵がありました。私の小さい頃には、城の東側では、うちの向い側に1軒、近くの郵便局の向い側あたりに1軒。城の西側には3軒。うちを含めて、覚えているだけでも6軒の酒蔵がありました。ところが、時代の流れで1つ欠け、2つ欠け、とうとう私どもだけになってしまったのです。

『醉心』の創業は、万延元年（1860年）。この年に、尾道の山根本家の山根源四郎が三原の酒蔵（後の『醉心』）を購入。一族の山根忠兵衛を送って、その経営を任せました。この地で古くから続いていた出羽屋仲右衛門という酒蔵を桜井家より買収し、酒造りを始めました。山根本家は、尾道で酢・醤油・味噌醸造、塩田経営、そして、廻船業なども営み、名字帯刀を許された大きな商家だったといいます。

それから160年、三原で酒造りを行い、六代目となる私まで『醉心』は受け継がれてきました。これも偏に、私より前の当主たちががんばってくれたおかげだと思います。ただ、決して順風満帆ではなく、歴代の当主たちも時代の流れに翻弄され、もまれながら、それぞれが難局を迎え、乗り越えてきたのだと思うのです。残念ながら、そのすべてを知る由もありませんが、『醉心』がどのようにして今に至ったのか、どんな酒造りを目指してきたのか、父や祖父から教えられたこと、当家に残る文献などをもとに、これからお話ししたいと思います。「『醉心』は、体に浸み込むようなお酒だ」とおっしゃる方がいます。飲むうちに、だんだん体の中身が『醉心』に入れ替わるような感覚があるのだそうです。「だから飲み飽きしない」と。『醉心』の物語を知ることで、そのお酒をもっとおいしく感じていただくことができれば、大変嬉しく思います。

2021年3月　山根雄一

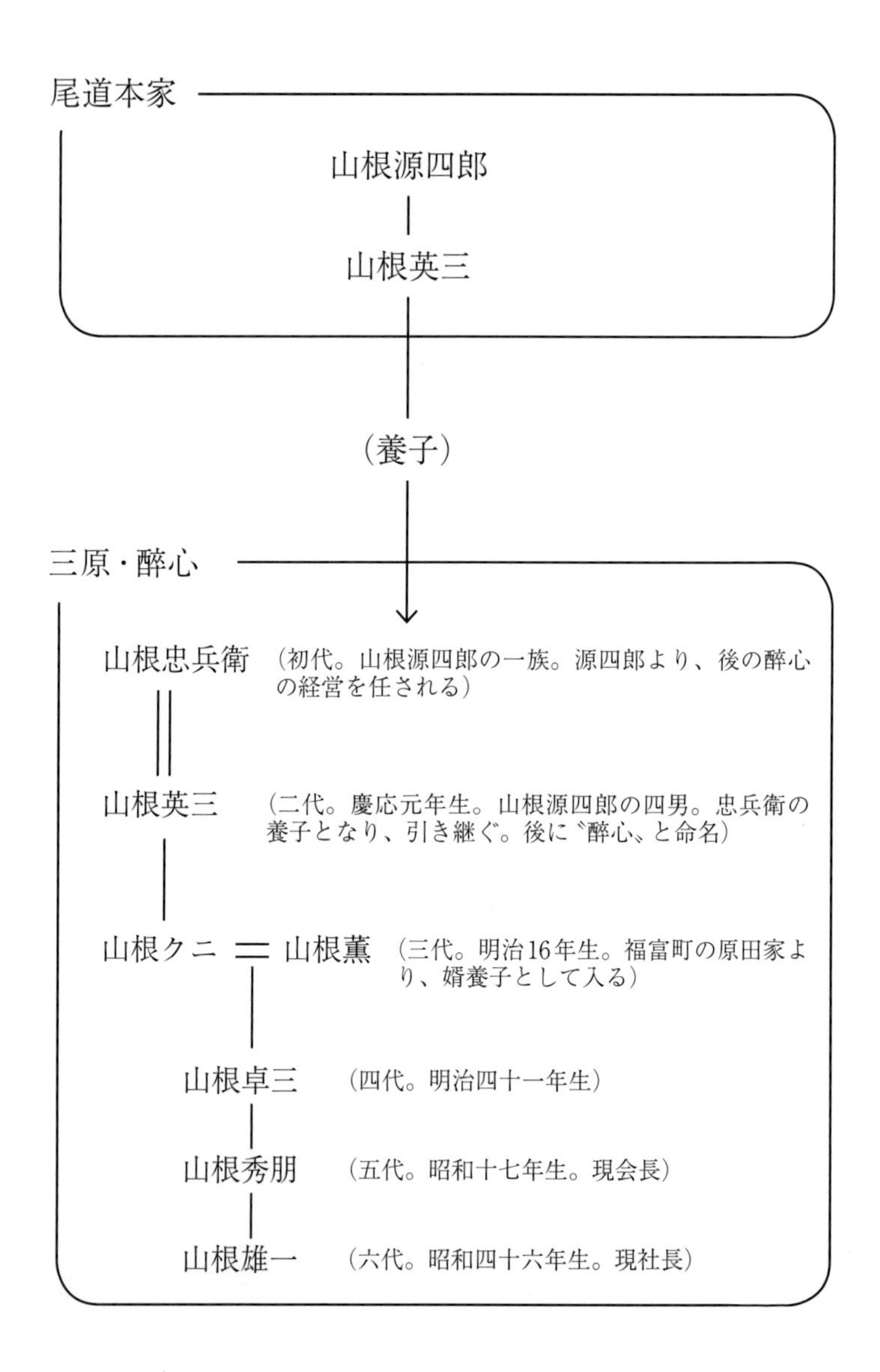

尾道本家
山根源四郎
山根英三
（養子）
三原・酔心
山根忠兵衛　（初代。山根源四郎の一族。源四郎より、後の酔心の経営を任される）
山根英三　（二代。慶応元年生。山根源四郎の四男。忠兵衛の養子となり、引き継ぐ。後に〝酔心〟と命名）
山根クニ
山根薫　（三代。明治16年生。福富町の原田家より、婿養子として入る）
山根卓三　（四代。明治四十一年生）
山根秀朋　（五代。昭和十七年生。現会長）
山根雄一　（六代。昭和四十六年生。現社長）

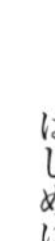

第1章 「三原の酒」と歴史のかかわり

第2章 『醉心』の歴史のはじまり

第3章 三代目・山根薫の革新性

第6章
六代目・雄一の時代に　次の100年に向けて

第7章 『酔心』のさまざまな味わい方

第1章

「三原の酒」と歴史のかかわり

万葉集にも歌われていた「吉備の酒」

『酔心』のある広島県三原市は、広島県で極めて古い酒の産地といわれています。まずは、『万葉集』(7~8世紀)にある歌をご紹介しましょう。

古人(ふるひと)の
飲(たま)へしめたる　吉備の酒
病(や)めばすべなし
貫簀(ぬきす)賜(たば)らむ

これは、京の都にいる丹生女王(にうのおおきみ)が、九州・大宰府の長官であった大伴旅人から吉備の酒を贈られ、詠んだ歌です。解釈はいろいろありますが、吉備の酒があまりにおいしく、丹生女王は少々過ごされたようです。「あなたからいただいたお酒を飲みすぎて、苦しゅうございます。次には身を横たえるための(奈良時代、寝台に用いていた）竹の敷物をください」という意味の歌であったと、解することができるでしょうか。

ところで、「吉備の酒」がなぜ三原の酒といえるのでしょうか。「吉備」といいますと、三原から岡山県あたりまでの瀬戸内沿岸を指すと思います。江戸時代前期にまとめられた『万葉集』を注釈した書物『万葉代匠記』には、「吉備の酒」について、「吉備の酒と書きたれば、今の世にも備後の杵原(みはら)酒など名あれば、昔も彼の国によき酒作りけむを」〈今の世には備後（広島県東部）の杵原酒などもあるので、吉備では昔からいい酒ができたのだろう〉、と書かれているそうです。

つまり、三原は、万葉の昔から、指折りの銘醸地として栄えていたのかもしれません。

「原」がつく地名は水のいい土地の証

では、なぜ三原の酒がおいしくて有名だったかというと、やはり水がよかったということではないでしょうか。その裏付けになると思われるお話を少し紹介させていただきます。

まず、「原」という字は、「水がわき出てくる源」を意味するといいます。この場合の「水」とは「伏流水」のことでしょう。見えるところを流れている川の水（表流水）とは違って、伏流水は地中で自然のろ過が行われるため、表流水に比べてにごりが少なく、水質が良好で安定しているといわれます。そのため、地名に「原」がついた場所は、水の良いところが多いのだそうです。

現在の三原がある地域にも、かつて、涌原・駒ヶ原・小西原という3つの「原」がありました。ここから瀬戸内海に向けて川が流れ、岩の谷間のようなところに井戸を掘って、その水を使って人々が生活していたというのです。この3つの「原」を合わせて、「三原」になったという説があります。

ただ、もともとは、先ほど出てきた「杵原（みはら）」という字であったらしいですね。「備後国　御調郡杵原（みつぎぐんみはら）」の地名は、『和名類聚抄（わみょうるいじゅしょう）』といって、平安時代中期（931～938年頃）につくられた辞書に載っています。

三原城が築城された1500年代後半は、この字に「美波良（みはら）」というルビがふられていたそうです。三原城の目の前に広がる瀬戸内海の波が穏やかできれいだったので、「美波良」の字を当てたといわれています。

この「杵」も、たどってみますと、「ははそ」といって、クヌギ、ミズナラの一種、保水力のあるブナ科の植物であるとのこと。三原の地下水がいかに豊富であったか、想像できるかと思います。

「備後国　御調郡杵原」の「御調」も、実は、水とのかかわりが考えられます。「御調」とは、「御注」とも言い、神功皇后が注いだ井戸水のことで、この一帯を「御注郡（＝御調郡）」と言ったそうです。

とにかく、このあたりには井戸が多く、3つの「原」の一つ、「駒ヶ原」は、今の三原駅の北側にある狭い谷間ですが、その谷間に井戸が80個以上もあったそうです。そんなお話からも、三原と水とのかかわりが見て取れます。

将軍家への献上品だった三原酒

三原城ができた1567年（永禄10年）頃、三原は既に酒造りの盛んな場所であったようです。

このあたりは交通の要衝であり、近くに米の産地もありました。交通とは船のことです。酒のような重量物を運ぼうと思ったら、昔は船しかありません。馬では少量しか運べませんし、都まで運ぼうとすれば時間がかかり、腐ってしまうでしょう。

その点、三原城を築城した小早川隆景率いる小早川家には水軍がありました。おそらく戦国時代は、三原から幾百もの軍船が出陣したのでしょう。水軍を持っているということは、裏を返せば、船という輸送手段を確保していたということです。

そして、三原はもちろん水のいいところですので、米と水と交通の起点ということで、酒造りが盛んになったのだろうと思います。

三原酒については、さまざまな逸話が残されています。

小早川隆景の死後、三原を領した毛利家が江戸幕府の開幕とともに長門・周防（今の山口県）に移ってしまわれた後、関ヶ原の戦いでの論功行賞で安芸・備後を領した東軍方の武将・福島正則が、ことのほか三原酒を気に入り、徳川将軍家や幕閣への献上品にも使われたそうです。

また、こんなお話もあります。関ヶ原の戦いで負け、当時、備前岡山の領主であった宇喜多秀家は八丈島に流されてしまいます。あるとき、そこへ三原酒などの将軍家への献上品を積んだ福島家の船が嵐で流されて行ったのだそうです。それを見た宇喜多秀家が、「三原酒を積んでおられるなら、少し分けてくださいませんか」と言ったとか。船に乗っていた福島家の家臣は積んでいた三原酒を全部降ろして贈り、三原に戻って酒を積み、再び江戸へ向かったということです。

正則はその後、広島城を勝手に修築したという咎で領地替えとなり、代わって、紀州から浅野家が入ることになりました。しかし、御領主が変わっても、三原酒は幕府への献上品として、引き続き用いられたそうです。

また、正徳2年（1712年）に編纂された『和漢三才図会』、これは江戸時代の類書、今でいう百科事典ですが、ここにも「和州の奈良、摂州の伊丹・池田、賀州の菊川、備州の三原、皆芳醇の名を得」と書かれており、天下の銘醸地として三原が五指に数えられています。

外国人にも知られた三原酒

さて、徳川八代将軍吉宗公の頃（1716〜1745年）、来朝した朝鮮通信使の日記に、海上から三原城を望んで、次のように記した一節があります。

「にわかに、左手の、海が湾入したあたりの山すそに、白く彩ったお城の物見の姫垣が見える。その美しい姿は、海に臨んで、清く輝き、まるで人にこびているようである。お城の東西に連なる人家は千軒余り。数里にわたってながめられ、中でも高い建物が四つ五つ、松や橘の林の上にそびえ立っていて、まことに珍しく、うっとりとする眺めである。付近には、

小早川隆景像（絹本着色。米山寺所蔵）

戦艦数隻が浮かんでいて防御の施設がはなはだ備わっている。ここは三原といって、よい酒と、よい紙を名産とする、海に望んだ名高い町である」

確かに、沖から眺めれば、往時の三原城の姿はあたかも海に浮かんでいるように見えたことでしょう。そして、この文章から察するに、当時の朝鮮通信使も、三原が銘醸地であると知っていたようですね。

また、元和4年（1618年）、平戸の英国商館長だったリチャード・コックスが、寄港した鞆から三原に小舟を送って酒を買い付けた、という記録も残っているそうです。

そのような銘醸の地・三原で、おそらくは三原城築城の頃から続いていたのであろう酒蔵を、当時、尾道に在住していた『酔心』の初代当主、山根源四郎は買い取って、受け継いだのです。

第2章

『酔心』の歴史のはじまり

三原の造り酒屋「出羽屋仲右衛門」を買収

初代、山根源四郎は山根本家の当主で、三原の東隣の町、尾道に在り、そこで手広く商売をしておりました。江戸時代末期の万延元年（１８６０年）、つまり今から１６０年ほど前、源四郎は三原の酒蔵・出羽屋仲右衛門を買い、そこに一族の忠兵衛を送り込んでこれを経営させたのです。

ですから、最初は、オーナーと実際の経営者が違っていたのですね。やがて、源四郎の四男で、本家から忠兵衛のもとに養子に来た英三（えいそう）が二代目となりました。

実は、英三の弟が城下町の西側、英三が商売をしていた東町の反対側でやはり酒蔵を経営していたそうです。以後、代が重なり、西の山根家とは交流もなくなりましたので、その後のことはわかりません。

源四郎が買い取る以前の出羽屋仲右衛門は桜井という家が経営しており、その酒蔵自体は三原城築城の頃から続いていたという話もあります。今も『酔心』の本店社屋には、一部ですがこの桜井家が経営していた頃の遺構がそのまま生かされています。

永禄10年(1567年)に三原城が完成した際、城下町は東町と西町に分割されましたが、このとき既に、後に出羽屋仲右衛門へとつながる酒蔵が存在していたのかもしれません。往時の三原の酒蔵は輸送手段を持ち、帆船を使って江戸まで酒樽を運ぶ販売ルートを確保していたようです。

そのような酒蔵を買収したということですから、源四郎という人物も、それなりの資本を持っていたのではないでしょうか。

お酒に歌の題名がついていた

江戸時代に当時の広島藩が作成した『三原志稿』(三原市の様子を詳しく著した書物)には、1819年(文政2年)時点の三原の酒造家について、次のように記されています。

西市　【銘柄】菊の水・若みどり　【酒造家と屋号】川口屋助一郎
　　　　　　　千重・初桜　　　　　　　　　　　　川口屋源右衛門
　　　　　　　青柳・浅緑　　　　　　　　　　　　川口屋禎三郎
　　　　　　　白芙蓉・千代流　　　　　　　　　　川口屋次左衛門
　　　　　　　玉の井・大諸白　　　　　　　　　　大原屋宗十郎

東市　【歌銘】亀の齢　【酒造家と屋号】角屋十左衛門
　　　　　　　園紅梅　　　　　　　　　　　　山科屋東左衛門
　　　　　　　八重霞　　　　　　　　　　　　出羽屋仲右衛門（桜井家）
　　　　　　　千代のかけ　　　　　　　　　　出羽屋源左衛門
　　　　　　　千束の秋　　　　　　　　　　　栗田屋太郎兵衛
　　　　　　　こもり水　　　　　　　　　　　山科屋作兵衛

理由はわかりませんが、面白いのは、西市は銘柄が掲載されているのに対して、東市は歌銘（歌の題名）で掲載されていることです。

山根源四郎が後に買い取る出羽屋仲右衛門（桜井家）の歌銘は「八重霞」。ほかにも、「亀の齢」は、「くむ人も　つくれる人も　万代の　亀のよはひに　たちならふへき」（詠み人・西洞院信庸卿）とあります。

この「亀の齢」角屋があった位置は『酔心』の目の前であり、そこには平成10年頃まで酒蔵がありました。

また、『三原志稿』の巻7には、「三原町には酒造家が多いが、川口屋助一郎家・角屋宗右衛門家のものを第一とする」とあり、両家の酒が幕府への献上酒であったようです。福島正則が愛飲した酒も、川口屋さんの酒だったと聞きます。

「『三原学』事始め第6回　名醸三原酒1」によると、江戸時代後期は、酒造りの技術や設備も現代とはほど遠いため、輸送中に酒が腐敗することも多かったそうで、それを防ぐために能代杉の樽に詰めて送ったとあります。他の産地の杉樽では途中で酒が傷むことがあったといいます。

さらに、川口家の文書に「いくらよい酒を造っても、売らなければ何にもならないので、販売の機能を充実させ、遠近を問わず需要に応じるため、早馬・早舟を用意しておくことが大切である」という内容が残されているそうです。

これらの記述から、醸造技術の向上だけでなく、販売戦略にも気を配っていたことが、三原酒の名声を高めた要因の一つであると推測できます。

軟水のお酒「女酒」の酒造りは至難の業

忠兵衛が酒造りを始めた幕末から明治時代にかけては、今でいうマニュアルなどはなく、口伝えに聞いたものを実践していたのではないでしょうか。精米も牛馬や人力を使って石臼を挽くようなスタイルだったようですし、蔵のなかにはもちろん冷房設備もありません。木製の仕込み桶も雑菌が繁殖しやすいため、腐造も多かったようです。それに、何と言っても、広島といえば軟水の土地柄ですから、酒を造るのは大変だったと思います。

ご存知の方も多いと思いますが、水の性質をあらわす指標の一つに「硬度」があります。硬度は、水に含まれるカルシウムとマグネシウムの量を示し、これらが少ない水を「軟水」、多い水を「硬水」と呼びます。

軟水で仕込んだ清酒は、発酵がゆったりと進むため、口当たりがまろやかに仕上がる傾向があるといわれています。他方、硬水で仕込んだ清酒は、旺盛な発酵の結果、濃厚で辛口になるといわれています。このことから、軟水で仕込んだ清酒を「女酒」、硬水で仕込んだ清酒を「男酒」と呼ぶそうです。

硬水で仕込んだ清酒の代表格は、灘（兵庫県）の酒で、その仕込み水の硬度は100を超え、硬水に近いそうです。その水は「宮水」と呼ばれ、江戸時代末期に発見されました。ミネラル分が豊富なため、酵母が旺盛に発酵し、存在感のある辛口の酒が生まれるといわれます。

前述の通り、広島は軟水の土地柄。かつては、この地の軟水を使っての酒造りでは発酵が緩慢に進み、また腐造も多く、大変な苦労があったようです。ところが、明治時代に、現在の安芸津町の蔵元、三浦仙三郎によって、軟水による酒造りの技法、「軟水醸造法」が体系化されました。以来、広島は、灘・伏見と並ぶ酒どころとして知られるようになりました。そして、この醸造法が吟醸酒造りの基礎となり、広島は「吟醸酒発祥の地」と呼ばれるようになったといわれています。

杜氏が磨いた酒の味わい

軟水での酒造りは難しい上に、原料である米の出来も毎年のように変わるため、刻々と変化する条件をクリアしながら、酒造りを進めなければなりません。その一切を取り仕切る最高責任者が「杜氏(とうじ)」です。かつて、多くの杜氏は普段、自分の居住地で農業などに従事し、酒造りの季節になると蔵人を引き連れ、契約した酒蔵に住み込みで酒造りにあたっていました。

江戸時代の前期、酒は一年を通して造られていたといいます。しかし、江戸幕府は、さまざまなかたちで酒造統制を行いました。このなかで、通年の酒造りは禁止され、冬場に集中して行われるようになったそうです。今では、清酒といえば、寒い冬に仕込む「寒造り」が当たり前だと思われていますが、それにはそうした経緯があったとされています。もっとも、冬は気温が低く、雑菌も繁殖しにくい、酒造りにもってこいの季節です。暖かい時期に造ると失敗も多かったでしょうから、寒造りに制限されていったのは、それなりに意味があったのではないかと思います。

そこで、杜氏と、杜氏が率いる蔵人たち技術者集団の出番です。冬の農閑期に出稼ぎ業として酒造りを行ったのです。江戸末期には杜氏制度が確立されたといわれています。

『酔心』が、いつ頃から杜氏制度を採り入れたのかは知りません。私が実際に知っているのは、前の杜氏と、その前の杜氏ぐらいです。前杜氏の平暉重は備中杜氏（備中は岡山県西部を指します）、前々杜氏の山田春二は広島杜氏で、その前の３人の杜氏は備中杜氏だと聞いていますから、岡山の人が多かったようです。

米をよく知る農家出身だからこそ、酒造りに精通していたかというと、必ずしもそうではないかもしれません。ただ、平前杜氏の家は１０００年を超える歴史があるといわれる旧家と聞いています。また、平から数えて5代前の杜氏は日本海軍に従軍していた人だそうで、とても厳しい人だったと聞いたことがあります。

杜氏は技術だけでなく、物事を見極める判断力、蔵人を束ねる統率力、管理能力に秀でた人格者であることが求められます。

平は20歳の頃から季節の蔵人として『酔心』に来ていましたが、杜氏になる少し前から通年勤務の社員となり、工場長とも呼ばれるようになりました。平成30年（２０１８年）に74歳で引退するまで半世紀以上もの期間、『醉心』の酒造りにかかわってくれました。

20数種類あった銘柄を統一、『醉心』の誕生

忠兵衛の養子となった英三が経営を引き継いだ後、山根家が造る酒は年々好評となり、販売するルートによって銘柄を変えて売り出していたようです。その数は、明治半ばには20数種類におよんでいたといいます。

しかし、一つの酒蔵からいくつも、いくつも、違う銘柄の酒が出ていたら、いつまでたっても大きな銘柄には育ちません。英三はそれらを一つに統一して、これはという銘柄をつくり、各地域に販売しようと考えたようです。今でいうブランディングの発想ですね。名前を聞いただけで安心感を持っていただけるような銘柄を作れば、お客様も喜んで買ってくださるでしょう。

明治時代になると、三原の酒は一時衰退してしまったそうです。先にご紹

介した『三原志稿』に出ている東西併せて11軒の酒蔵も、そのままのかたちで残ったところはないそうです。そういう背景があり、生き残るための策であったかもしれません。

ところが、日夜思案していたものの、なかなかよい案が思い浮かびません。そんなある日、英三の夢枕に白髪の老人が立ち、『酔心（ヨイゴコロ）とすべし』と告げたのです。

ここに『酔心』が産声を上げたのです。

二代目 山根英三

その後、三原に新しい酒蔵が増えてきた頃のこと、明治45年（大正元年／1912年）、『全国酒類品評会』にて、『酔心』は優等賞を受賞しました。この受賞が、『酔心』の名前を広く知っていただく一つのきっかけになったのではないかと思います。

優良な酵母として『酔心』の蔵付き酵母が認められる

最初に優等賞をいただいた2年後、大正3年(1914年)に『酔心』にとって画期的なことが起こります。『酔心』の蔵付き酵母が優良な酵母として認められ、「協会酵母」として分離されたのです。

清酒を醸す、つまり分解された米の糖分をアルコール発酵させるためには酵母が欠かせません。そして、酵母の役割はアルコールを造ることだけでなく、清酒の風味を生み出すことにもあります。その風味は酵母の種類によっても変わってきます。

しかし、清酒酵母の存在が確認されたのは明治時代以降のことで、それまで、その蔵に棲みついている酵母、いわゆる「蔵付き酵母」が自然に増えてくるのを待って、酒造りを行っていたようです。まだ衛生環境も悪く、腐造が多かったでしょうし、酒質にもかなりのバラつきがあったと思います。

ところが、酒にかかる税金、酒税はこの頃、国の重要な財源になっていたそうです。明治32年（1899年）には、酒税が地租（農地にかかる税金）を抜き、国税の税収第一位になりました。国としては、酒税の安定的な確保につなげるため、酒造りの技術を発展させて、清酒の品質向上、そして安定した生産を達することは重要な課題であったと思います。そこで注目されたものの一つが、「酵母」だったということでしょう。

明治37年（1904年）、大蔵省に醸造試験所が設立され、その研究成果を役立てる機関として明治39年（1906年）に日本醸造協会が設立されました。また、この頃、速醸酛法が確立されました。清酒を安定して生産するための大きな技術革新です。そして、速醸酛法を運用するために、純粋培養された酵母が必要になりました。そこで、さまざまな酒蔵から酵母が集められ、優良な酵母を分離する事業が始められたのです。そして、分離された酵母は「協会酵母」として、全国の酒蔵に頒布されるようになりました。

記念すべき協会酵母の第一号は、灘の『櫻政宗』から分離された酵母です。

明治39年（1906年）のことで、「協会1号酵母」と名付けられました。
続いて明治末期に、伏見の『月桂冠』から「協会2号酵母」が分離されました。
そして大正3年（1914年）、『醉心』から「協会3号酵母」が分離されたのです。

今でも「協会3号酵母」は日本醸造協会に保存・管理されています。ただし、もう既に、一般には頒布されなくなっています。例えるなら、今は博物館にコレクションされているような状態です。

そうは言っても、『醉心』は「協会3号酵母」のルーツですので、私どもが何かの記念でお酒を造るというときは、特別にその酵母を頒布していただいております。

最近では、2020年が『醉心』創業160年に当たりましたので、その際、頒布していただき、醪（もろみ）1本だけ酒を造りました。まだ売らずに大切に貯蔵しています。

『酔心』の高級酒ブランドとしての基礎ができる

二代目の英三について、私が知っていることは少ないですが、『酔心』の土台を創ったということは間違いありません。

特に、「協会3号酵母」を輩出したことは、全国でも名の知れたブランドとなる基礎ができたことを示すのではないでしょうか。優良な酵母として分離されたということは、その頃に造られていた酒の酒質がすでに飛び抜けて優良と認知していただけていたのだろうと思います。そうでなければ、わざわざ分離する意味がありません。そう考えますと、この頃から、所謂「格のある清酒」として、世の中に認知していただけ始めたのかもしれません。

そこまで認めていただけるようなお酒を造れるようになったのは、英三とその当時の杜氏や蔵人たちの努力の賜物です。

こうして、英三によって『酔心』の高級酒ブランドとしての基礎が創り上げられたのです。

父（五代目・秀朋）から聞いたところでは、英三にはずいぶん商才があったとのことです。この頃には、『酔心』も全国的に名が通り始め、三原の中でもかなり大きな酒蔵となっていたのでしょう。

コラム　酒のつまみは質素が一番？

今は冷酒、常温、お燗といろいろな清酒の飲み方があり、おつまみも多種多様ですが、昔はどのようにして飲まれていたのでしょうか。

鎌倉時代のある武士が、酒を飲むのに、味噌を持ってきて、それをなめながら飲んだという話を、何かの本で読んだ記憶があります。想像ですが、その頃は火を起こしてお燗をかけるということだけでも相当なご馳走だったのではないでしょうか。

前出の『三原志稿』に書かれた当時の三原の産物を見ますと、西瓜、松茸、小鯛、鯔（ぼら）、鱸（すずき）、海老、穴章魚（たこ）、蛤（はまぐり）、蜆（しじみ）、海苔、十露盤（そろばん）、刀剣、紙、瓦、大根、塩、素麺、梅酢、蕨（わらび）と並んでいます。

江戸時代の人々も、タコやエビをつまみながら酒を飲んでいたのでしょうか。今でこそ、三原といえば「タコ」が有名ですが、当時はそれほどの扱いではなく、「タコがたくさんとれた」と書かれているだけのようです。三原でハマグリやシジミが獲れたなんて、皆さんびっくりされると思いますが、その頃の海岸は砂地が多く、タコの餌にもなる貝が豊富だったようです。

塩も大事な産物で、三原の辛い塩は東北で人気だったといいます。酒造りには資金がかかり、失敗する危険も孕んでいたことから、経営の安定を図るため、塩田を経営する酒蔵もあったようです。

また、昔は、清酒は蔵元から酒屋に樽で運ばれ、店頭で量り売りされることが多かったと聞いています。日本でガラス瓶が清酒の流通容器として使われるようになったのは明治時代以降と考えられ、それ以前は通い徳利が活躍していたのだと思います。酒屋さんの店頭でお客様が買いたい量を告げると、酒樽の下部にある呑み口から升や漏斗を用いて通い徳利に詰め替えていたようです。ただ、酒屋さんのなかにはあらかじめ水増しした清酒を売る悪い店主もいたようです。随分と水で割ったと感じるほどの薄酒を「金魚酒」（金魚も泳げるぐらい薄い酒）と呼んで、落語のネタになったとか。

次章に出てくる日本画の巨匠、横山大観先生は明治元年（１８６８年）のお生まれですが、『酔心』の酒をその日の体調に合わせて原酒のままだったり、水で割ったり、お湯で割ったりしながら飲まれていたそうです。おつまみは質素で簡単なもので、ときたま好物のカラスミを合わせて、ゆっくりと時間をかけて飲まれていたと聞いています。

第3章 三代目・山根薫の革新性

三代目当主は婿養子

大正時代になって、『酔心』は、全国酒類品評会において、大正８年（１９１９年）、10年（１９２１年）、13年（１９２４年）と、３回連続して優等賞を獲得しました。ちなみに、当時、全国酒類品評会は二年毎に開催されていました。また、大正12年は関東大震災のため、翌13年に順延されたのだそうです。この３度の受賞により、大正13年に『酔心』は「名誉賞」を授与されたのです。３回連続の優等賞受賞による「名誉賞」受賞は『酔心』のみと聞いており、それこそ大変に名誉なことでした。

このときいただいた３枚の賞状が今も残っています。これらを見ますと、大正８年と10年は「山根英三殿」、13年は「山根薫殿」となっていますので、この間に、当主が英三から薫に引き継がれたのだと思います。

薫は、英三の娘、クニの婿養子として山根家に入りました。

薫は、広島県の真ん中にある福富町の出身で、実家はたぶん農家だったのだと思います。どのような縁があったのかはわかりませんが、英三の眼鏡にかなったのでしょう。婿養子となった薫は、それだけに「自分がやらなければ」という気持ちが非常に強かったと思います。『酔心』を託されたからには、自分の仕事は『酔心』のブランドをさらに立派にすること。それこそ必死だったのではないでしょうか。

『名誉酔心』の誕生

大正13年に「名誉賞」をいただくと、薫はこれを記念して、『名誉酔心』というブランドをあらたに立ち上げました。しかも、当時、一般の清酒が1．8リットル1円20銭くらいだったところに、2リットルで6円という破格の値段をつけて売り出したのです。今のお金に換算すれば、1万円以上でしょうか。普通のお酒の5倍の値段をつけるわけですから、もちろん中身が良くなければ

醉心

種類	御値段
名譽醉心 二立詰	六圓
名譽醉心 一八立詰 一打箱入	五圓（特別宣傳用）
鳳凰醉心 二立詰	三圓八十錢
特選醉心 一、八立詰	二圓五十錢

配達迅速

東京市神田區多町二ノ一

醉心東京販賣元 山根薫東京支店

宣傳部 電代表神田四一八二番

釀造元 廣島縣三原町 電代表二九 山根薫本店

大阪支店 大阪市西區堀江 電代表新町一三二 山根薫支店

かつての価格表

ば、お客様を失望させるだけです。大正末期の大卒サラリーマンの初任給が50～60円（月給）という時代にこれを決断するには、大変な勇気と並々ならぬ決意があったろうと思います。

　当時の写真を見ますと、『名誉酔心』は独特な形状をした『酔心』の留め型瓶に詰められています。当時の価格表も残っており、これを見ますと、たしかに『名誉酔心』2リットルで6円とあります。また、特別宣伝用として『名誉酔心』180ミリリットル（1合）の12本詰め合わせが5円と書いてあります。

この『名誉酔心』の誕生が、後に薫にとって、そして『酔心』にとっても極めて重要な、ある出会いにつながることになるのです。

ちなみに、現在では2リットルの留め型瓶はありませんが、『名誉酔心』ブランドはかたちを変えつつ連綿と続き、今も多くのお客様にご愛顧いただいています。

三代目 山根薫

東京・大阪へ進出―急行列車の乗客に『名誉酔心』を無償で配る

その後、薫は商品の品揃えを徐々に充実させていくと同時に、東京と大阪に支店を設けました。大都市へどんどん売っていこうという薫の積極的な姿勢がよくわかります。

そして、自らも積極的に販促活動に乗り出しました。

山陽本線の三原駅のすぐ東隣に糸崎駅があります。そこは蒸気機関車が主流だった時代、機関車に石炭や水を補給するターミナル駅でした。急行列車がすべて停まるような大きな駅で、駅長さんのランクも高かったのだろうと思います。

薫は、糸崎駅で、急行列車が停まるたびに、前述の『名誉酔心』の１８０ミリリットル瓶を乗客に無償で配っていたそうです。

英三が統一した『酔心』のブランド。それが高級酒であるというイメージを定着させ、販路を広げることが薫のミッションであったと言えましょう。そのために、まずは『酔心』を知ってもらおう、『酔心』を飲んでいただき、他の人に話していただこうと、それこそ必死だったのだと思います。

ところで、東京への進出を始めてよりしばらくの後、当時『酔心（ヨイゴコロ）』としていたその名に対し、いつしかどこからかということなく、時折『酔心（スイシン）』という呼称を耳にするようになったのです。

そこで、ラベルにもことさら「ヨイゴコロ」と横文字を入れ、自然に注意を促したそうです。しかし、その後、「スイシン」と呼ぶ声が急激に増えていきました。そして、各界の著名な方々からも、その呼称について問い合わせをいただくようにもなり、いろいろな議論を引き起こすようになったとのことです。

結局のところ、「ヨイゴコロ」が世間の方々によって「スイシン」と呼び変えられていったということですが、愛飲者となってくださった多くの方々とともに歩んでいくためには、自然な呼び名に任せることが必要と考え、登録を「スイシン」とするに至ったと聞いております。

ちなみに、横山大観先生や尾崎行雄先生などは、早くから「スイシン」で通されていたそうです。

薫が亡くなったのは昭和30年（1955年）で、私が生まれる前のことですが、曾祖父である薫がやってきたことを思うにつけ、私はまだ何もやっていいないような気がします。

薫について、父に聞きますと、「非常に短気で厳しい人だった。でも、とても愛情深い人だった」そうです。

残念ながら、私は曾祖父の薫には会っていませんが、薫の妻で、英三の娘であるクニ、即ち、曾祖母には会っています。亡くなったのは私が小学校の頃で、91歳でした。和服姿で正座をし、いつもキリっとしていました。曾祖母のしつけは厳しかったそうです。でも、私にはとても優しい曾祖母でした。数年前に70歳で退職した女性社員から、「どちらにお嫁に行っても恥ずかしくないくらい、礼儀作法をはじめ、一通りのことを習わせてもらいました」と聞きました。

思いは日本にとどまらず、米国輸出を始める

『名誉酔心』を創出し、東京・大阪に進出した後、次は海外へという思いが薫

にはあったようです。大正年間には、既に旧満州に清酒を輸出していました。今でも、彼の地に設置された『酔心』の看板の写真が残っています。邦人だけでなく、現地の人にも飲まれていたと聞いています。

そして、広く海外に輸出しても恥ずかしくない水準に『名誉酔心』の酒質が達したということで、昭和8年（1933年）には米国への輸出を始めたのです。この時期、米国に輸出した清酒は、主として在留邦人や日系人の方々が飲まれていたようです。以後、中国の新京（現在の長春）、大連、天津、青島、上海、広東などに代理店を設けていきました。

しかし、戦争のため、昭和17年（1942年）に輸出は一旦途絶えてしまいました。

戦争が終わった後、米国への輸出が再開されたのは、薫が没した翌年の昭和31年（1956年）のことでした。当時、多くの新聞にそのことが載ったそうです。再開後の輸出では、邦人や日系人だけでなく、広く米国人に『酔心』を楽しんでいただくことが目的でした。

『冷用酒』の開発

『酔心』は、大正時代初めより、冷用で楽しんでいただくお酒として、『冷用酒』を販売していました。当時、清酒はお燗にして飲む機会が多かったのではなかったかと思います。こんな時代から、冷用で楽しむ清酒の開発と販売に取り組むとは、なかなか先進的であったように思います。

確かに、寒い冬場には、暖を取ろうと燗酒を飲む人が多かったでしょう。しかし、蒸し暑い夏場には、燗酒を飲む人も少なく、どうしても出荷量が減少したことでしょう。薫は『冷用酒』、今でいう冷酒をすすめることで、年間を通じて安定した売上を確保しようとしたのでしょう。

また、『冷用酒』の開発は、前述したような輸出をも見据えていたのかもしれません。世界的には酒は「冷や」で飲まれることが主流なのだから、という理由からです。そういう意味では、昭和8年（1933年）からの米国輸出は、海外の嗜好を知る上で実に多くの貴重な情報をもたらしてくれたようです。実際、昭和9年（1934年）、「冷やして飲む『醉心』を新発売」との記録が残っています。米国輸出で得た知見を実践したのかもしれません。

『冷用酒』を造る上で、薫は清酒の醸造にもさまざまな意を用いました。ラベルに『冷用酒』と書いただけで、実際に冷やして飲んでおいしくなければ、何の意味もありません。酒造りの仕込み水に使われる水は「軟水」、あの酒造りをするのに難しい水です。それこそ不眠不休で醸造工程などの改革に取り組んだといいます。その結果、高度な精米、酒母の優秀性、低温発酵……といった、今日の『醉心』の「軟水醸造」にもつながる要諦を押さえていきました。

今日、我が『醉心』の主軸は独自の「軟水醸造」が生む『純米吟醸』。あるいは、その礎はここにあったのかもしれません。

こうして得られた『冷用酒』の製造に対する数々の技術は、『名誉醉心』など他の酒の製造にも活かされていきました。

そして、『冷用酒』への取り組みのなかで、ある革新が生まれます。「瓶囲い貯蔵法」です。

本邦初、「瓶囲い貯蔵法」

大正時代末期頃、薫はこれまでにない方法による清酒の貯蔵に取り組み始めました。「瓶囲い貯蔵法」です。

清酒は、米、米麹、水、そして酵母を増殖させた「酒母」を合わせ、これを発酵させた「醪（もろみ）」を搾ることで得られます。通常、搾った清酒は火入れ（加熱殺菌）された後に貯蔵され、熟成により味が深まるのを待つことになります。当時、清酒の貯蔵には木桶を使うことが一般的でした。しかし、貯蔵前に木桶のなかを完全に殺菌することは難しく、貯蔵中、雑菌の混入、繁殖による品質の劣化がしばしば起こっていたようです。

そんなとき、薫は瓶詰めされた『冷用酒』に目をとめました。そして、搾られた酒を瓶に詰めて火入れし、栓をして貯蔵する方法を思いついたのです。瓶は木桶と比べると洗浄が行き届きやすく、また万一の場合でも瓶一本の品質劣化に止めることができます。つまり、「瓶囲い貯蔵法」の当初の目的は、殺菌の徹底による酒の品質劣化の防止と、万一の場合のリスクの最小化にあったのです。

「瓶囲い貯蔵法」の実践を重ねるうちに、おそらく薫はこの貯蔵法のさらなる可能性に気づいたのではないかと思います。

あるいは、セラーのなかで瓶貯蔵されるワインを意識したかもしれません。輸出を始めてより、世界的な醸造酒であるワインについての知識も深めていたことでしょう。もしかしたら、これによる付加価値の向上も意図したのかもしれません。

しかし、改善点は山積していました。何といっても、瓶ごとの味わいや品質のバラつきがいまだ大きかったのです。大きな桶でまとめて貯蔵すれば、万一のときのリスクは桶全体に及びますが、安全に貯蔵されれば安定した品質が得られます。一方、「瓶囲い貯蔵法」では、万一のリスクは最小限に抑えられま

かつての瓶囲い貯蔵場

すが、瓶ごとの品質を揃えることは容易ではありません。
「瓶囲い貯蔵法」を技術的に確立したのは、薫の長男で四代目当主の卓三です。このことについては、次章に譲ることにします。

薫のこうした努力によって、『酔心』のブランドは磨き上げられ、高級酒として差別化されていったのです。そして、昭和14年（1939年）、「特等酒」として全国三銘柄を選定するに際して、『酔心』は最初に推薦を受けることとなったのです。

横山大観先生と薫との交流

そんな折、薫は一つの運命的な出会いを果たします。

昭和初期、東京神田にあった酔心東京支店に、連日お酒を買いに足繁く通われる上品なご婦人がありました。お買い求めのお酒は『名誉酔心』。あまりにも頻繁に来店されるので、店の者が「毎度ごひいきをいただき、ありがとうございます。どちら様かお伺いしても、よろしいでしょうか？」というようなことをお尋ねしてみますと、その方は日本画の巨匠、横山大観先生の奥様だったのです。奥様によると、大観先生は、いたく『酔心』を気に入られ、毎日のように愛飲なさっているとのことでした。

このことに興味を持った薫が大観先生のご自宅に伺い、酒造りの話をしたところ、「酒造りも絵を画くのも芸術だ」と意気投合。感動した薫は「先生の飲み分は、私が一生お贈りします」と、約束したのです。
以来、親交を深め、薫は大観先生が逗留された熱海の伊豆山荘や古屋旅館にもたびたびお伺いしたといいます。

大観先生にお送りしていたお酒は『名誉酔心』です。三原の酔心本店から、主に2リットル瓶の『名誉酔心』をお送りしていたそうですが、時折4斗樽（4斗は72リットルに当たります）でお送りすることもあったと聞いています。先生は『名誉酔心』を、毎日のように飲まれていたそうです。最盛期には、1日に2升3合、晩年でも1日に1升は飲まれたそうです。

しかし、実は、先生はもともと酒にはあまり強くなかったそうです。ところが、師である岡倉天心先生から「男は1升の酒が飲めなくてはダメだ」と仕込まれ、酒に強くなられたそうです。

大観先生は、薫と出会うずっと以前から、『名誉酔心』をお飲みになってい

横山大観先生（右）と山根薫

たようです。最初に『名誉醉心』を口にされたのは、おそらく新橋あたりの料亭でのことだったのでしょう。それは、醉心東京支店から卸されたものだったと思います。
この時期の主流は、おそらく『硬水』で仕込まれた辛口の『男酒』。そんななかで口にされた、「軟水醸造」の『名誉醉心』のなめらかな旨味に、今までとは異なる感触、ご自分にピッタリと寄り添う何かを、きっと感じられたのでしょう。

当時、薫の口ぐせは、「『醉心』の

酒は、甘口でも辛口でもなく、旨口だ」でした。一見抽象的でわかりにくい言葉ですが、『酔心』の「軟水醸造」によって醸し出される味わいは、まさに「旨口」という表現がぴったりです。

大観先生と薫との運命的な出会いを導いた『名誉酔心』。以後、大観先生はその生涯にわたって『名誉酔心』を愛飲されたのです。

東京大空襲の直後に届いた、大観先生からの直筆の手紙

戦争中、大観先生のもとにお酒を送ることは大変だったようです。当時は鉄道でお酒を輸送していたのですが、軍用列車が増えて荷が滞っていたでしょうし、戦争末期には空襲などで止まることも多かったでしょう。

大観先生も『酔心』の輸送には大変気を使われ、当時の五島慶太運輸通信大臣にも依頼していたと聞いています。

さて、大観先生は、自ら筆をとって手紙を書かれることはほとんどなかったと聞いています。奥様が代筆されていたそうで、よほどの重要事でない限り、大観先生が自ら手紙を書かれることはなかったそうです。従って、大観先生直筆の手紙は非常に貴重なのだと聞いたことがあります。

ところが、私どものもとには、大観先生直筆のお手紙が数通残っています。そして、そのいずれもが、『醉心』に関することなのです。つまり、大観先生にとって『醉心』に関することは、極めて重要事だったのです。

いただいた直筆のお手紙のなかに、昭和20年3月25日付のものがあります。当時は大戦の末期、本土もたびたび空襲を受けていた時期です。その十数日前の3月10日は、東京大空襲があった日です。大観先生とご家族は、その直前に疎開されていて難を逃れましたが、当時、上野の池之端にあったご自宅は空襲で焼失していました。

そのお手紙には、ご自身やご家族は無事であることなどが書かれているほか、「酔心が一本も残っておらず寂しさに堪えません。時局柄、困難なことはよくわかっていますが、一本でもいいので送っていただけないでしょうか」というようなことが書かれていました。

いかに、大観先生にとって『酔心』が重要であったかがうかがい知れます。

大観先生は、亡くなる数年前に重体になられたことがあります。このとき、ある方が水を入れた吸い飲みに『酔心』を数滴たらしてすすめたところ、大観先生はそれを飲まれたのだそうです。そしてしばらく後には、汁物やお粥なども口にできるようになり、ついに病床を離れることができたのだそうです。

大観先生にとって、『酔心』はまさに「主食」、活力の源だったのでありましょう。

戦艦『大和』、最後の酒

戦争が始まると、食糧事情も段々と悪化していきました。このため、酒造用の米も制限されるようになり、清酒も思うように生産できなくなっていきました。そして、昭和13年（1938年）には、清酒の生産が国によって統制されることになりました。戦争中、さまざまな事情から酒造りを休止せざるを得なくなった酒蔵も多かったようです。

当時、『醉心』は、酒造りを続けることができていました。しかし、多くの男性が出征し、また米以外にも多くの物資が不足しがちだったでしょうから、酒造りを続けることもまた大変であったろうと思います。

戦争末期になると、全国の都市が次々に空襲を受けるようになりました。『醉心』がある三原の近くでも、福山や因島などで空襲があったことを、幼い頃に聞かされた記憶があります。

当時、私の祖父である卓三（四代目当主）は出征しており、祖母は子どもを連れて三原市の郊外に疎開していたそうです。

街にある『醉心』の本店は、曽祖父・薫や曾祖母らが守っていました。戦争中、三原の街が空襲を受けることはありませんでしたが、空襲警報が鳴るたびに、曾祖母らは山裾にある菩提寺の本堂の下にまで避難していたと聞いています。

戦争最後の年である昭和20年（1945年）4月6日午後3時20分、日本海軍が誇る戦艦『大和』は第二艦隊旗艦として、軽巡洋艦『矢矧』と8隻の駆逐艦を率い、山口県の徳山港外を出て、沖縄に向かって出撃しました。しかし、『大和』『矢矧』を含む6隻の艦は、ついに故国に還ることはありませんでした。

出撃の前日である4月5日の夜、第二艦隊の各艦では壮行会が開かれたそうです。そして、『大和』で開かれた壮行会に『醉心』の酒があったのだそうです。最後の出撃をする『大和』に乗り組み、生還された方について書かれた本に、そのことが書かれていました。先年、あるお世話になった方が、「『大和』の最後の出撃の前夜、『酔心』の酒が飲まれたそうですよ」と、わざわざこの本を送ってくださり、その事実を知りました。

コラム　大観先生だけじゃない、『酔心』を愛した著名人

横山大観先生と『酔心』の深い縁は、前述した通りです。戦災で焼けた先生のお宅は、戦後、もとの場所に再建されました。現在、先生の旧宅は『横山大観記念館』となっており、現館長は大観先生の孫にあたられる方です。今でも、大観先生のご遺族との交流は続いています。

さて、前項で戦艦『大和』での『酔心』のエピソードをご紹介しましたが、他にもいくつか、本のなかに『酔心』の名を見かけたことがあります。たとえば、戦前、3度にわたって内閣総理大臣を務めた近衛文麿公について書かれた本のなかに、『酔心』の酒を好んで飲まれている様子が記されていました。

また、戦争の末期、第五方面軍司令官として北海道などの守備に就かれていた樋口季一郎陸軍中将について書かれていた本のなかでも『酔心』の名を見かけました。樋口中将は、戦前、満州に赴任されていたときに、欧州からシベリアを経て逃れてきた多くのユダヤ人の救援に尽力された方です。樋口中将が、広島県福山市にあった歩兵第四十一聯隊の聯隊長であったときのこととして、『酔心』の酒が登場していました。

生前、薫は、人に酒をすすめるとき、とても楽しそうにしていたそうです。薫は、持ち前の社交性からか、極めて多くの方々と交流があったそうです。その人柄が、『酔心』を世に広めていったのかもしれません。

第4章

四代目・卓三の先進の気質

高級酒『酔心』を研磨した四代目・卓三

四代目の卓三は、明治41年（1908年）8月3日、薫の長男として生まれました。祖父に当たる英三に可愛がられ、後継ぎとして大切に育てられたと聞いています。

成長した卓三は、旧制東京商科大学（現在の一橋大学）の予科、そして本科へと進みました。本科2年生のときに、自分の実力を試すためか、極めて難関な外交官試験を受け、見事に合格しました。そして、本科3年生のときには社交ダンスを習ったと聞いています。非常にハイカラな人でした。

大学を卒業後、旧勧業銀行（現在のみずほ銀行）に勤めますが、しばらくして陸軍に召集され、予備役の将校として従軍しました。卓三は広島県の福山、あるいは島根県の浜田にあった聯隊に所属し、終戦までの約10年間を陸軍で過ごしました。中隊長として勤務した期間が長かったようですが、戦闘の指揮に優れ、なかなか召集が解除にならなかったようです。

戦後、九州から復員した後、長期にわたって療養を余儀なくされました。神経痛だったと聞いた記憶があります。約10年にも及んだ軍隊生活が、卓三を大きく消耗させたのでしょう。

その療養を兼ねて、卓三は植林を始めました。歳を取ってからも、よく山に出かけていました。私が大学生の頃、何度か祖父・卓三について山の植林を見に出かけたことがあります。既に80歳を超えた祖父が、鎌を片手に山の斜面をいとも簡単に登っていくのです。若かった私でも、とてもついて行けない速さでした。

晩年の卓三は、自宅から会社に出かけるとき、いつも和服に下駄を履き、ソフト帽をかぶっていました。カランコロンという下駄の音が聞こえると、近所の人は卓三が近くを通っていることに気がついたようです。

卓三は、高級酒としての『酔心』に、さらに磨きをかけていくこととなるのです。

ちなみに、戦後の昭和30年代、三原の主な銘柄と酒造家は、次の通りだったそうです。

山陽　定森酒造場
醉心　株式会社醉心山根本店
蘭菊　村上酒造場
旭菊水　大藤酒造株式会社
金水　内海酒造株式会社
心鏡　有限会社脇酒造場
浮城泉　本内海酒造株式会社
杜鵑　本郷酒造株式会社
雛菊　雛菊酒造株式会社
富貴（合成酒）　萬歳酒造株式会社三原工場

江戸時代末期には11軒あった酒蔵は、大正時代には顔ぶれが一新し、そして第二次世界大戦の末期には5軒ほどにまで減少したといいます。しかし、戦後は再び10軒にまで増えたということです。

四代目 山根卓三

活況の時期―映画でズラリと並んだ三原酒

昭和31年（1956年）公開の映画『鬼の居ぬ間に』は、三原を舞台として撮られた映画です。この作品には、森繁久彌さんや木暮実千代さんのような日本を代表する名優が出演され、また三原のさまざまな風物が写り込んでいたそうです。そして、前項でご紹介した三原の酒もズラリと登場していた、そう聞いたことがあります。

映画の撮影中、俳優の皆さんも三原に滞在されていたそうです。森繁さんは酒がお好きだったそうで、三原の地酒を喜んで飲まれていたと聞いたことがあります。

昭和30年代の三原市は、三菱重工、帝人といった大企業の大きな工場が立地する、いわゆる企業城下町として賑わっていました。そして、これらの工場で働く何千人という人が暮らしていました。２０１０年（平成22年）にノーベル化学賞を受賞された根岸英一さんも、かつて帝人三原工場に勤めていたことがあるそうです。

当時は、多くの人が工場で働いていたので、夜の街もさぞ賑やかだったことでしょう。企業の接待に使われるような料亭のほか、料理屋、居酒屋、スナックなどの多くのお店があったそうです。また、若い人が集まるような映画館やダンスホールもあったそうです。

時は高度経済成長に入る頃。街は活気にあふれ、酒もたくさん飲まれていたのだろうと思います。

多くの方が転勤で三原に住まわれ、そして多くの方が転勤でいずれかの街へ移って行かれました。単身の方も、また家族での方もあったでしょう。私が通っていた学校でも、親御さんの転勤で転校していった人が何人かありました。

三原での生活を経験された後、他の街に転勤され、その地に腰を据えられた方も多いようです。そんな方々のなかに、三原での生活を懐かしみ、今でも『醉心』の酒を飲み続けてくださっているという方がおられることを、時折、耳にします。『醉心』が、そんな方の懐かしい思い出の一コマに入っているとするなら、とても嬉しく、またありがたいことだと思っています。

「瓶囲い貯蔵法」の確立

高級酒としての『醉心』の研磨、即ち、品質向上を達するため、卓三は「瓶囲い貯蔵法」と向き合いました。

前章でも触れましたが、『酔心』では大正時代末期から「瓶囲い貯蔵法」に取り組んでいました。卓三はこの貯蔵法に、品質向上への可能性を強く感じていたのでしょう。日々、その改善に努めたと聞きます。そして、持ち前の学者のような探求心と粘り強さによって、『酔心』における「瓶囲い貯蔵法」を技術的に確立したのです。

この頃、酒造りやでき上がった清酒の貯蔵に、ホーロータンクを使用することが主流となっていました。これにより、木桶を使用していた頃と比べて、衛生面は大幅に改善されていました。「瓶囲い貯蔵法」を始めた当初の趣旨は、前にも触れた通り、衛生面から考えられる品質劣化のリスクを低減することでした。従って、この一面から見た場合、手間暇のかかる「瓶囲い貯蔵法」を継続する必要性は低くなったと言えます。

しかし、おそらく薫が直観として感じていたのと同様に、卓三も「瓶囲い貯蔵法」の別の可能性に着目していたのです。それは、高品質の高級酒製造への応用、言い換えれば、清酒に〝付加価値〟を与え得る可能性でした。

でき上がった清酒を貯蔵する場合、その保存性を高めるため、これを加熱殺菌する必要があります。殺菌のため摂氏65℃程度に加熱した清酒をタンクに送り、貯蔵することになります。しかし、タンクにはかなりの物量の清酒が入りますから、その温度が外気と同程度にまで低下するには時間がかかります。特に、高い芳香を有する高品位の清酒の場合、降温に時間がかかると、その微妙な香味のバランスが崩れる危険性が高まります。

ならば、でき上がった清酒を瓶に詰め、これを加熱し、栓をして保存する「瓶囲い貯蔵法」ならどうなるか。タンクでの場合と比べて、物量が圧倒的に少なく、また清酒が容器に接する表面積が圧倒的に大きくなり、加熱後の降温に要する時間が極めて短くなる。これは高級酒が有する微妙な香味のバランスの保持に資する、ひいては高級酒のさらなる品質向上につながる。卓三はそう考えたのです。

また、「瓶囲い」される清酒の品質を均一に保持することにも意を尽くしました。「瓶囲い」のための貯蔵庫を厳重に囲って外部からの光を遮断し、また庫内を低温に保つための機械設備を整えていったといいます。

努力の甲斐あって、「瓶囲い貯蔵法」での清酒の品質は飛躍的に向上し、また瓶ごとのバラツキも小さくなっていったと聞きます。そして、このことが、さらなる『醉心』の可能性を生んでいくことになったと考えています。

余談ですが、ずいぶん前、私が大学の後輩の結婚式に出席したときのことです。その後輩は大手酒造メーカーに就職していました。式には当然、彼の会社の上司の方々も多く出席されていました。その方々のうちの最古参の役員の方に、式の途中お会いしたところ、「昔、独特の「瓶囲い貯蔵法」を見学に『醉心』を訪れ、あなたのお祖父さんにお会いした」と、お話しいただいたのです。そのことをお伺いしたとき、この上もなく、祖父・卓三のことを誇らしく思いました。

タンクで酒を貯蔵する技術が飛躍的に進んだ現在でも、『酔心』では多くの酒が「瓶囲い」されています。そのなかに、『瓶囲い 酔心 純米吟醸生原酒』という商品があります。現在の『酔心』のベストセラーである『純米吟醸 酔心稲穂』の搾りたての原酒を、加熱殺菌をしない「生酒」のままで瓶詰めして、これを冷蔵庫に囲っているのです。現在では、夏季の人気商品となっています。

戦後、米国への輸出を再開

『酔心』は昭和8年(1933年)から米国への輸出を開始していましたが、戦争により途絶えていたことは、前述した通りです。戦前の米国輸出では、在留邦人や日系米国人が主なお客様だったようです。

諸外国では、酒は温めることが少なく、いわゆる「冷や」の状態で飲まれることが主流と考えられます。一方、大正時代初期より販売していた「冷や」でおすすめする酒『冷用酒』の造りも、この頃までに相当の経験を積み、その品質も満足できるものとなっていたようです。

そこで、戦後の昭和31年（1956年）、全国に先駆け、満を持して米国への輸出を再開したのです。このときは、在留邦人や日系米国人だけでなく、広く米国人にすすめることを視野に入れたものでした。米国輸出の再開は、当時多くの新聞で大きく取り上げられました。それほどに画期的なことだったのだと思います。輸出の再開は大成功だったそうで、第2回目の注文がほどなくしてやってきたそうです。

以後、フランス、デンマーク、スイスなどのヨーロッパ諸国、シンガポールなどと輸出先は広がっていきました。特にスイスへの輸出は、スキーヤーに温めた『醉心』を楽しんでいただきたい、という思いからだったと聞いています。

冷用の高級酒『ヤング酔心』の登場

輸出に取り組む一方で、国内での「冷や」でおすすめする酒『冷用酒』（この頃には、『冷用酔心』と呼んでいたようです）の販売にもさらに力を入れるようになりました。戦後、我が国における生活様式は徐々に欧風化しつつあり、食生活もまた欧風化しつつありました。従って、酒の飲まれ方も変わっていくのではないか。当時、まだ清酒はお燗で飲まれることが多かったのですが、ワインやビールのように冷酒で飲まれる場面がこれまでよりも増えるのではないか、そう考えていたようです。

併せて、『冷用酔心』のさらなる品質向上にも極めて熱心に取り組みました。その要諦として、清酒の「香り」に着目したようです。卓三が書き残しているものを読むに、ツンと鼻にくるような刺激がなく、果実のような芳香が薫る清酒、ということではないかと想像しています。そして、

一、酵母の選定

一、高度の精米
一、健全な酒母
一、醪(もろみ)での低温発酵
一、醪において蒸米を溶かし過ぎない

などの要点を挙げています。これらは「軟水」による酒造りの要諦にもつながり、なんだか現在の〝吟醸造り〟を見るようです。さらに、搾った清酒の貯蔵は、前述の如く確立した「瓶囲い貯蔵法」によること。

『冷用酔心』はヒットし、また輸出する清酒の品質にも回帰されたと聞いています。

また、この頃、『冷用酔心』を使ったカクテルの提案も行っていました。若い方、女性、そして外国人にも飲みやすく、そして親しみやすくなるようにとの考え方からでした。ジン、ワイン、ジュース、サイダーなどを例に挙げながら、『冷用酔心』と混ぜるおすすめの比率を提案したのです。昭和30年代の当時としては、非常にモダンなことでした。

『冷用酔心』で得た手応えから、卓三は、新時代の『酔心』に相応しい、新たな高級酒を開発しようと考えるに至ったようです。「冷酒でたしなんでいただく清酒」として、これまでの特級酒を超えるものを造ろう、そう決心したのです。

その酒造りは、『冷用酔心』で得られた手がかりを慎重に踏みながら、そしてさらに磨きをかけながら進められたそうです。また、搾られた清酒のなかから、さらに吟味の上にも吟味を重ねて選りすぐったのだそうです。

また、容器にもこだわり、この商品のために、新たに1リットルの特殊瓶が『酔心』のオリジナル瓶としてつくられたのです。大正13年（1924年）、『名誉酔心』が発売されましたが、その容器には2リットル瓶が用いられました。そのちょうど半分の容量の1リットル瓶。「冷やでたしなんでいただく清酒」として、もっと手軽に楽しんでいただこうと考えたわけです。ちなみに、こ

発売当時の「ヤング醉心」

のオリジナル瓶を使った商品は、今でも『醉心』のラインアップにあり、ここ、という場所で、その優美な姿を見せています。

昭和32年（1957年）、『ヤング醉心』という名前で、その新たな高級酒が発売されました。そのラベルには『YOUNG SUISHIN』と横文字が入れられ、当時としてはとても斬新なデザインでした。発売当時の記録を見ると「若々しい味わい」とあります。もしかしたら、『ヤング醉心』という名は、卓三が目指したのであろうその理想の味わいを表現していたのかもしれません。

発売後、『ヤング醉心』は文字通り一世を風靡し、全国の百貨店、酒販店、料飲店などで広く販売されたそうです。また、カクテルの提案が好評だったのか、ショットバーなどでもよく見かけたと、今はもう引退している古手の営業部長から聞いた記憶があります。

ブレンドへのこだわり

でき上がった清酒を商品化するとき、複数の清酒をブレンドして所望の風味に仕上げていきます。卓三は、ブレンド技術にも磨きをかけ、品質向上に寄与させようと考えました。

同じ原材料を使用しても、仕込みごとに、でき上がる清酒の風味は微妙に違ってきます。ですから、単独の仕込みからでき上がる清酒のみを瓶詰めして商品化すると、そのロットが変わるたびに、風味が変わってしまうことになります。『酔心』ではずっと以前から、複数の仕込みの清酒をブレンドして商品化することで、商品ごとに定めた味わいとなるよう、その風味を調整してきました。卓三はそれにさらなる磨きをかけたのです。

卓三は、元来、酒をほとんど飲まない人でした。しかし、各仕込みで得られた清酒を丹念にきき比べてその風味の特徴をつかむこと、そして異なる風味の清酒をブレンドすることでいかなる風味が得られるのかということを、熱心に研究したようです。

祖父・卓三は、ブレンドによって、品質を安定させることだけを考えていたのではないようです。複数の清酒をブレンドすることで相乗効果を生み、個々の清酒では得ることができない風味を創り出そうと、もっとおいしい酒を創り出そうと考えていたようです。

余程の研究を重ねたのだと思います。引退した杜氏から聞いた話ですが、杜氏が一度に十数種の清酒を持ってきても、それらを一つ一つきいた後、どのタンクに、どの酒をどういう比率でブレンドするのか、杜氏にスラスラと口述で指示していたそうです。

酒造好適米『山田錦』との出合い

昭和30年代前半のある日、兵庫県三田から旧三田農協（現兵庫六甲農業協同組合）の方が、わざわざ『酔心』を訪ねてこられました。三田で栽培されている米を携えてこられたのです。当時、兵庫県内のみで販売されていたその米を、兵庫県外にも紹介することとなり、まず『酔心』を訪ねられたということでした。その米の名は『山田錦』。今でこそ、おそらく最も名の通った酒造好適米（酒造りに適する米）と言っていいでしょうが、当時はまだあまり名の知られていない米でした。

卓三は、三田農協の方が熱心に話されるのを聞き、またその米を見て、何か感じるものがあったのだと思います。値段は随分高かったそうですが、試しに使ってみることにしたのだそうです。そして、でき上がった酒はとても良かったそうで、これ以降、本格的に『山田錦』を使用することにしたのです。以来、60有余年、『酔心』では三田産の『山田錦』を使っているのです。

ちなみに、中四国地方では、『酔心』が最初に『山田錦』を使い始めたと聞いています。

兵庫県で生まれた『山田錦』ですが、現在では他の多くの地域でもその栽培が行われています。しかし、生前、祖父・卓三は「三田の『山田錦』に勝る酒米はない」と言っていました。その理由として、卓三は「土が違う」と言っていました。三田の『山田錦』を栽培している田んぼの土は、見るからに肥沃そうな黒い色をしています。でも、その土は、多くの手間暇をかけて、栽培農家の方々がつくり上げてきたものと聞きました。三田を訪れると、農協と農家の方々は盛んに「土づくり」と言われます。長い年月にわたる栽培農家の皆さんの努力の積み重ねが、あの素晴らしい三田の『山田錦』として結実しているのです。

かつては祖父・卓三が、次いで父・秀朋が、毎年、年に数回、三田の地を訪れてきました。今は、私が訪ねています。あるときは稲の生育状態を拝見しに、またあるときは収穫された『山田錦』の品評会を見学に。そして、毎春行われる「三田山田錦部会総会」にも出席しています。総会では、品評会で優秀とされた『山田錦』の栽培者さんが表彰されます。数ある賞のなかに『酔心山根本店社長賞』があり、賞状を受賞者の方にお渡しする役目を務めさせていただいています。大変栄誉ある、そして嬉しい役目です。毎回、同賞を受賞された方とお会いすることを楽しみに、総会に伺っています。

三田を訪れるたび、どこか懐かしさを覚えます。60年以上続くお付き合いのなかで紡がれた確かな絆が存在するように思います。三田は『酔心』にとっての第二の故郷と思っています。

酒造好適米の中心部には「心白」と呼ばれる白く不透明な部分があります。「心白」は、粗く隙間が多い構造をしているため、光を乱反射して白く見えるのだそうです。そして、「心白」はデンプン質に富み、タンパク質などは少ない部分です。タンパク質は酒の味わいを生みますが、多いと雑味のもとにもなります。繊細な味わいが特徴となる大吟醸酒などを造るときには、高度に精米することで、タンパク質などが多い米の外側の部分を削ぎ落し、「心白」の部分を取り出そうとします。

『山田錦』は普通の米よりも粒が大きく、「心白」も大きい米です。また、蒸すと捌けの良い蒸米となります。特に、麹造りに適しているといわれます。『山田錦』を醸すと、豊潤な旨味の酒が生まれます。酒造りに極めて適する米と言えましょう。

現在、『酔心』では、大吟醸酒・純米大吟醸酒の造りや、純米吟醸酒・純米酒などの酒母・麹造りに、三田の『山田錦』を多用しています。『酔心』の軟水による酒造り「軟水醸造」と、三田の『山田錦』は、これ以上ないほど相性が良いようです。

初めて『山田錦』に触れたとき、祖父・卓三はそのことに気がついていたのでしょう。

コラム　「三原神明市」の密かな名物

『酔心』本店の表に面して通る旧山陽道沿いを主体に、毎年2月の第2日曜日を含む金・土・日の3日間、「三原神明市」が開催されます。

「神明祭」とは、伊勢神宮を祀る祭りのことをいうそうです。三原が地方の港町として栄え始めていた室町時代の末期、9つの町組が寄り合って始めたことが、祭りの起こりといわれているのだそうです。三原城を築かれた小早川隆景公もこの祭りを大切なものとされ、その人出などの様子から、その年の富凶を考量されたそうです。現在では、約500軒もの露天商が軒を連ね、3日間で30万人を超える人出でにぎわう祭りとなっています（以上、三原観光協会、及び三原商工会議所のホームページより）。

前述した通り、『酔心』本店正面の街道沿いに露店が並ぶので、私たちも本店玄関前に店を出します。そこでは「神明市」限定の純米大吟醸の生酒など、数々の「神明市」限定の品を販売しています。また、祭りの期間中だけ、『酔心』本店前の売場でのみ販売されるものとしては、精米歩合30パーセントの『山田錦』を醸した大吟醸酒の酒粕や、その酒粕で何年も漬け込んだ奈良漬けなどがあります。

これらの限定品のなかで、特記したい大吟醸酒があります。精米歩合30パーセントまで磨いた『山田錦』を醸した醪（もろみ）を酒袋に入れて吊るし、滴り落ちる酒だけを集めて「瓶囲い」したものです。「袋取り」と呼ばれるこの手法は大変な手間を要するため、このような酒は毎年極限られた量しか取ることができません。しかし、その風味は絶品。この酒を180ミリリットル瓶に詰めて、祭りの期間中のみ『酔心』本店の売場だけで販売しています。毎年、200本ぐらいしか準備できないのですが、〝密かな名物〟となっているようで、あっという間に売り切れてしまいます。

祭りの期間中、露店が並ぶ街道の東の端のほうに「大ダルマ」が掲げられます。遠目にも、よく見えます。そして、この「大ダルマ」のほど近くに、『酔心』本店があります。もし、「三原神明市」にお越しの機会があったら、この「大ダルマ」を目印に、『酔心』本店にも寄っていただければ、大変嬉しく思います。

第5章

五代目・秀朋の挑戦
超軟水との
運命的な出合い

船上から見上げた星座の名前をお酒に

時は移り、私の父・秀朋が五代目当主となりました。

父は、若いうちは自分のやりたいことに挑戦してみたいと考えたようです。東京商船大学に進み、卒業後は外洋航路の航海士になったのですが、祖父・卓三が体調を崩したこともあって、38歳のときに『酔心』に帰ってきました。それから、酒造りのことや会社経営のことなどを猛勉強したそうです。

父は、これまで多くの商品を生み出し、世に送り出しています。そのなかでも、強く印象に残っているものがあります。『オリオンM－42』という酒です。あるとき、父が星座の図鑑を取り出し、オリオン座のページを読みながら、熱心に何かを書いていたことがあります。そして、しばらく後に、『オリオンM－42』は発売されました。緑色の摺りガラスでできたワインボトルのような720ミリリットル瓶に、綺麗な図柄が入ったラベルが貼られた、とても印象的なお酒でした。また、ラベルの図柄はオリオン座でした。このお酒の名前にある『M－42』とは『オリオン大星雲』のことで、オリオン座の三ツ星の近くに広がる星雲だそうです。

現在では、GPSにより、航海中の船の位置を正確に割り出すことができます。しかしながら、父が航海士であった頃には、そのような便利なものはありませんでした。陸から遠く離れた外洋では、目に見える星の位置を測ることで経緯度を割り出す『天測』を行っていたそうです。

船から夜空を見上げると、それは綺麗な星空だったそうです。オリオン座は特に印象に残っていた星座の一つだったそうで、その思い出をお酒の名前にしたのだそうです。

『オリオンM－42』は、香り高く、アルコール分を若干飲みやすくした純米大吟醸酒でした。清酒の主要な消費層である中高年の男性だけでなく、女性や若い方にも広く楽しんでいただきたい。そんな想いから生まれたのだと思います。

発売に合わせ、『M－42』とプリントされた特製のワイングラスがつくられました。普段、清酒に馴染みのない方々に、ワイングラスでオシャレに楽しんでいただく、そんな飲み方提案も併せて行ったのです。世はまだ平成となる前の時代のこと。随分と先進的な試みであったと思います。

現在でも、父はいろいろな商品の構想を膨らませています。そのバイタリティ、いまだに追いつくことができない思いです。

五代目 山根秀朋

多様な嗜好の時代へ

昭和30年代以降、我が国は高度経済成長期に入り、人々の暮らしはドンドン豊かになっていきました。また、生活様式の欧風化も進み、諸外国からさまざまな産品が国内に入ってくるようにもなっていきました。

これと歩みを同じくするかのように、人々のライフスタイルも著しく多様化していきました。そして、酒類への嗜好も多様化します。たとえば、清酒や焼酎だけでなく、ビールも家庭で親しまれるようになりました。ワインの消費も伸び、またウィスキー、ブランデー、リキュールといった洋酒も広く飲まれるようになっていきました。アルコール分が低く、より手軽に楽しめる缶酎ハイなども登場しました。

清酒の課税移出数量は、昭和48年（1973年）にピークを迎え、以後は減少へと転じてしまいました。次々にライバルがあらわれるなか、清酒も何らかの変化が求められる時期にきていたといえるのでしょう。

かつて、清酒には「級別制度」がありました。「特級酒」、「一級酒」、「二級酒」という呼称を記憶されている方も多いと思います。「特級酒」や「一級酒」となるには審査を受けて合格する必要がありました。ちなみに、かつて『酔心』は

「特級酒蔵」として知られていました。しかし、平成4年（1992年）、この制度は廃止されました。

一方、「吟醸酒」、「純米酒」、「本醸造酒」といったさまざまなタイプの清酒が市場にあらわれ始めていました。多様化する嗜好に対して、これに応えようと積み重ねられた数多くの技術向上の結果であろうと思います。

父が『酔心』に帰ってきた昭和50年代半ば頃は、清酒の「級別制度」が存在していたものの、市場に多様なタイプの清酒があらわれ始めていた頃。嗜好が多様化する時代に対し、清酒にもさまざまな変化があらわれ始めていた頃であったのだろうと思います。

本邦初、『純米吟醸』と冠した清酒の誕生

このような時代背景のもと、父はふと思いついたのだそうです。「『吟醸造り

の純米酒』を造ることはできないだろうか。これからの時代、こういった清酒が求められるのではないか」と。

当時、既に「吟醸酒」は市場に存在していました。精米歩合60パーセント以下の米を原料とする清酒をそう呼び、当時は、醸造アルコールを添加して製造されることが普通だったと聞いています。醪（もろみ）の発酵の終わり頃に適量の醸造アルコールを添加することで、でき上がる清酒の香味を整え、スッキリとした風味に仕上げていたわけです。

一方で、この頃、醸造アルコールや、糖類・調味料などを添加しない清酒である「純米酒」を造ろうとする機運が高まり始めていたのだそうです。

早速、思い浮かんだその清酒の商品化に向け、動き始めました。

「原料米の精米歩合は60パーセントとし、麹米には兵庫県三田市産の『山田錦』、卓三が使い始めたあの酒米を用いる。仕込み水には、これまで『酔心』の酒造りに使われて来た三原の軟水。醸造アルコールなどの副原料は一切使用せず、純米造りとする」と決めました。

「純米酒」は、戦前までは、広く造られていた清酒だったはずです。しかし、戦後、醸造アルコールなどの添加を伴う清酒が一般的になり、父が『酔心』に帰った頃も、市場で「純米酒」を見かけることは滅多になかったと聞きます。また、「純米酒」には、酒造りの技術の優劣や酒質の良し悪しがあらわれやすく、その製造は極めて慎重に行われるべきものと考えられていたようです。

「吟醸造りの純米酒」への挑戦については、これを躊躇する意見も多かったようですが、父は断固としてこれを推し進めました。当時、『酔心』の酒造責任者は山田春二杜氏。祖父のもとで長く酒造りを重ねてきたベテランの広島杜氏でしたが、この酒造りの実践にはよほどの勇気を要したようです。「失敗してもいいから、とにかく挑戦せよ」との父の言葉に押され、これに取り組んだのです。

これからの嗜好が多様化していく時代、どのような清酒が求められるのであろうか。父はそのことを考えていました。伝統的な和食には使われてこなかったさまざまな食材や調味料が日常の食生活に普通に取り入れられていくなか、清酒はどのようにあるべきなのか。外航船の航海士として長く海外を見て来ただけに、海外との垣根がより低くなっていく将来を考え、どのような清酒を造っていけば良いのかと、考えていたのだと思います。

そして行きついたのが、「吟醸造りの純米酒」。「吟醸酒」の要素を入れることで、グラスでも楽しめるなめらかな風味を。また、「純米酒」という要素を加えることで、品の良い米の旨味を。料理の妨げとならぬよう、香りは穏やかに。そして、ほどよい余韻が残る味わいに。燗酒にでも冷酒にも、またどんな料理とも相性良く、飲み飽きさせぬように。

終生、『酔心』を愛飲された横山大観先生は、その日の気分や体調に合わせて、水や湯で割ったり、燗に付けたりするなど、飲み飽きることなく、実に多様な楽しみ方をされていました。父は、今の時代に大観先生がおられたら喜んで愛飲されたような酒、今の食生活に慣れた人にも、一度気に入っていただけ

発売当時の「純米吟醸」のラベル

れば長く愛され続けるような酒を創りたかったのでしょう。創業以来、培われてきた『酔心』の「軟水醸造」、曽祖父・薫が『名誉酔心』や『冷用酔心』を、そして祖父・卓三が『ヤング酔心』を生み出したその〝技〟があれば、必ず「吟醸造りの純米酒」も思い描いたお酒に創り上げることができる。そう、父は信じていたのです。

『酔心』に帰ってから数年後、父は満を持して、その酒を世に送り出しました。そのラベルに『純米吟醸』と冠して。このとき、『純米吟醸』と名付けられた清酒が、初めて我が国に登場したのだと聞いています。

『酔心』のロングセラーとなった『純米吟醸』

最初に発売された『純米吟醸』は1・8リットル瓶でした。金色の印象的なラベルでした。発売以前より、父はほうぼうの酒類卸店を訪ね、この新たな酒を紹介して回りました。そして、発売した年の12月、ある酒類卸店さんのバックアップを受けて、ついに東京で売り出すことになったのです。

東京こそ流行の中心、まずここから発信する。本当に売れるのか危ぶむ意見もあったようですが、この多様化の時代、『純米吟醸』は必ず受け入れられるとの確信が、父にはあったのです。12月を迎え、卸店さんによる販売活動が開始されました。そして、12月1ヶ月間だけで、3000本もの『純米吟醸』が売れたのです。

これが、いわゆるスタートダッシュとなりました。年が改まっても『純米吟醸』は順調に売れ続け、販売の範囲は徐々に全国に広がっていきました。発売の翌年、『純米吟醸』のラベルを製造元に発注するロットは、一気に3倍に増えたそうです。

『純米吟醸』の1・8リットル瓶を発売した翌年、今度はその720ミリリットル瓶を発売しました。より手軽で、冷蔵庫にも納まりやすい『純米吟醸』を求めるたくさんのお声をいただいた結果だと聞いています。燗酒にも冷酒にもというように多様な飲み方を楽しんでいただく、という父の狙いが当たったのでした。

ちょうどこの頃、スーパーマーケットが清酒の売り場としても存在感を示し始めていました。720ミリリットルの『純米吟醸』は、このようなお店にも次第に品揃えされるようになっていきました。『純米吟醸』を楽しまれるお客様は、さまざまなところで、確実に増えていったのです。

『純米吟醸』は、『酔心』のロングセラーとなっています。それは、時代とともに姿を変えていき、『酔心』の現主軸商品『純米吟醸 酔心稲穂』に継承されています。現在、『酔心稲穂』は、北は北海道から、南は沖縄に至るまでの全国、そしてイギリス、オーストラリア、シンガポール、香港といった海外にも輸出されています。

蔵元直送の酒、『生吟醸』の登場

発売以来、『純米吟醸』が順調に市場に広がっていきました。しかし、この成功にいつまでも安穏としているわけにはいかない。差別化を図るためにも、さらに新機軸の提案を重ねていかねばならないと、父は考えていました。

そこで、加熱殺菌を経ない、いわゆる「生酒」の状態での『純米吟醸』をお客様に楽しんでいただけないものかと考えたのです。しかし、「生酒」の風味は変化しやすいものです。如何にすれば、「生酒」を新鮮な風味のまま、少しでも早くお客様のもとにお届けすることができるのか。そのことを思案していた父は、当時、急速に発達していた宅配便に目を付けたのです。

そうして生まれた商品が『生吟醸』。300ミリリットル瓶に詰めた『純米吟醸』の「生酒」を6本、保冷剤とともに発泡スチロールの箱に詰め合わせて、蔵元からお客様のもとに直接お届けするものでした。そして、その箱のなかには、採りたての青々とした檜の葉を添え、山の緑の新鮮な香りも併せてお届けすることにしたのです。その檜の葉は、祖父・卓三が植林し、多年にわたって育てた檜林から採取したものでした。

現在、「蔵元直送」と呼ばれる酒の宅配商品がありますが、『酔心』の『生吟醸』は、まさにその先駆けといえるものです。

『生吟醸』の登場により、『酔心』の『純米吟醸』はさらに広く知られるようになったのです。

「稀に見る軟水」との出合い

そんなあるとき、予期せぬ事態が起こります。長きにわたって酒造りに使ってきた井戸の水、『酔心』の「軟水醸造」のもとであったその軟水の水質が変わり始めていることに気がついたのです。なんと、井戸水に含まれるミネラル分が増え始めていたのです。それは、20世紀の終り頃のことでした。

聞くところによると、都市化の進行や山林の減少などにより、軟水だった井戸水の硬度（水に含まれるミネラル分の量を示す指標で、これが高いほど、ミネラル分が多いことを示します）が高くなることがあるのだそうです。三原の街も、かつてよりもずっと都市化が進みましたので、そのようなことがあったのかもしれません。

軟水は、かつて横山大観先生が愛したような、『酔心』の飲み飽きしないなめらかな味わいを醸し出すために必須のものです。その味わいを守るため、新たな軟水の水源を探すことは、文字通り、緊急を要することでした。

私たちの水の探索は、まず三原の旧市内から始まりました。しかし、満足のいく軟水を掘り当てることができず、西隣りの本郷町へと足を伸ばしましたが、ここでも目的の軟水は得られませんでした。そこで、北の久井町、さらにその西隣りの大和町へと探索の範囲を広げたものの、ともに空振り。ここまで、何本もの井戸の試掘を重ね、期待と落胆の連続でした。

水の探索を始めてから数年、とうとう広島県の中心部のまち、福富町にまで足を踏み入れました。ここは『酔心』の蔵から車で約1時間かかるところ。蔵に水を運ぶことを考えると、もうギリギリの距離でした。そして、福富町で井戸を探索する頃から、私もこのことに関わり始めました。

福富町には、標高922メートルの「鷹ノ巣山」がそびえています。その山頂付近にはブナの原生林が繁茂しています。その山の麓に清冽な沢が流れている場所があり、この場所を私の母校・広島大学での恩師である正藤英司先生が紹介してくださいました。大学時代、私は、正藤先生から環境や水質浄化などについての講義を受けました。そのご縁からのご紹介でした。

試みに、沢の水を分析したところ、極めて硬度が低い軟水でした。ならば、この近くで井戸を掘れば、良質な軟水が得られるのではないか。祈るような気持ちで、その沢の近くに井戸を掘ることにしました。掘り進んでいくと水脈に当たり、汲み上げた水は清らかな軟水でした。


この水を、当時、広島電機大学（現広島国際学院大学）の教授だった佐々木健先生のもとに持参して、試飲・分析をお願いしました。佐々木先生は、著名な水の研究者として知られる方です。私は広島大学工学部発酵工学科の出身ですが、佐々木先生は私がお世話になった講座の大先輩です。そして、私が大学生・大学院生のときに、水のこと、酒のこと、光合成微生物のことなど、たくさんのことを教えてくださった方なのです。

佐々木先生の評価は、「これは『稀に見る軟水』である。『超軟水』と言ってもいい。これほどの水は、私も他にあまり知らない。大切にしなさい」という

広島県の中心部に聳える「鷹ノ巣山」(標高922m)

ものでした。また、佐々木先生はお酒への造詣も深く、「軟水」による酒造りについても研究されていました。「この『稀に見る軟水』を使って、おいしい酒を造りなさいね」と励ましてもくださいました。今では、もう佐々木先生は鬼籍に入ってしまわれていますが、おっしゃってくださった数々の言葉は、今でもしっかりと胸にあります。

分析したところ、「鷹ノ巣山」の麓で汲み上げた、佐々木先生が言われるところの「稀に見る軟水」の硬度（アメリカ硬度）は14でした。佐々木先生は「この水で酒造りをすると、醪の発酵はずいぶんゆっくりと進むでしょう。これほどの『軟水』で酒造りをしている酒蔵を、私は知らない」ともおっしゃいました。

また、先にも触れた通り、「鷹ノ巣山」の山頂付近にはブナの原生林が広がっています。おそらく、そこが「稀に見る軟水」の水源ではないかと、私たちは考えました。そこで、このブナ林にちなみ、その「稀に見る軟水」を、父は『ぶなの恵み』と名付けました。

『ぶなのしずく』―青く透き通る水で醸す酒

水源の周囲の自然が失われていくと、どうも「軟水」も失われてしまうらしい。先に、このようなことを述べました。再びこのようなことが起こらぬよう、父は井戸周辺の土地を即座に購入しました。ここより「鷹ノ巣山」の山頂に至る森林は国有林であり、また水源を保全するための「水源涵養林」であるため、将来にわたって伐採される心配は、まずありません。『ぶなの恵み』と名付けた井戸水をタンクに溜めてのぞくと、太陽の光を反射して、青く透き通るような輝きを放っていました。このとき初めて、水には色があるのだと実感しました。

ところで、でき上がった清酒の原酒を貯蔵・熟成させた後、瓶詰めして商品化するとき、多くの場合、飲みやすいアルコール分となるように水で割ります。このときに使われる水を「割水」と呼んでいます。

杜氏のすすめもあって、父は、試みに『ぶなの恵み』を純米酒の割水に使ってみることにしました。しかし、製品となる清酒の全体からすれば、割水の割合は十数パーセント程度に過ぎません。これで味が変わるのかと、皆、思いました。しかし、結果は驚くもので、とてもなめらかな味わいに仕上がったのです。

そこで、まず、割水が全面的に『ぶなの恵み』に転換されました。そして、瓶詰めがある日は、本店瓶詰工場から福富町まで水を汲みに行くようになりました。

次に、『ぶなの恵み』を用いて、試験的に特別純米酒を小規模な仕込みでタンク1本だけ造ることになりました。ちょうど、その年の酒造りが終わりに近くなっていたので、『ぶなの恵み』の使用はこの追加の1本に留めることとなったのです。

当時、『醉心』の酒造責任者は、先に登場した山田杜氏の後を継いだ、平暉重杜氏でした。このとき、平杜氏はまだ『ぶなの恵み』の性質を把握し切っておらず、「いきなり特別純米酒ですか」と躊躇したようです。しかしながら、父から「失敗してもいいから、やってみろ」と言われ、腹をくって取りかかったそうです。

手探りのなか、平杜氏が造り上げた酒は芳醇でした。原酒で瓶詰めされたその酒は、『特別純米酒 鷹ノ巣山』（720ミリリットル）の名で限定発売され、好評のうちに短期間で完売しました。この酒ができたことを、福富町の方々が大変喜んでくださったことは、とても嬉しいことでした。

父は、『特別純米酒 鷹ノ巣山』での手応えに自信を得たことから、次の酒造期では本格的に『ぶなの恵み』を酒造りに使うことを決断しました。いつも、父は一旦決めると、行動が素早いのです。早速、福富町近くの運送業者さんと交渉して、大型ローリーで、早朝、三原市の酒蔵まで『ぶなの恵み』を運んでもらう段取りをつけたのです。

平杜氏も、『ぶなの恵み』による酒造りに本腰を入れます。そして、気づいたのです。「稀に見る軟水」である『ぶなの恵み』は、酒造りに使うに、極めて容易ならぬ水であることに、です。

『ぶなの恵み』は余分なミネラル分を含まない水と言ってよく、換言するなら、酒造りに最低限必要なミネラル分しか含まれていない水と言ってもよいでしょう。醪における酵母のアルコール発酵はゆっくりと進みます。上手く舵取りをすれば、上品な香りと繊細な味わいが生まれます。しかし、気を抜くと、醪造り後半の発酵が遅々として進まなくなるのです。

平杜氏は試行錯誤を続けます。醪管理の改善に取り組み、ここで満足できないと、次は麹造りの改善に取り組み始めました。「軟水での醪の発酵を支えるための、最後まで仕事をする麹」、平杜氏が言うところの、「軟水醸造」のための理想の麹造りの模索。そのために、さらに白米の蒸し、そして洗米・浸漬の調整。平杜氏の取り組みは、酒造りの工程の全般にわたりました。その年、酒造りの始め頃と終わり頃とを比較すると、その内容はずいぶん違ったものとなっていました。

そして、ついに、父が満足できる酒質が生まれます。その酒は、すっきりとした口当たり。キメ細やかでなめらかな、そして品の良いほのかな甘味を感じさせる風味でした。『辛口なのに、甘露』、父はこの酒の風味をそう表現しました。『ぶなの恵み』に合わせ、これに導かれるように醸された酒。その酒を最初に商品化するに当たって、『ぶなのしずく』と、父は名付けたのです。

「芳醇旨口」の可能性―女性から支持される感触

『ぶなのしずく』の発売以来、品揃えしてくださるお店やファンになってくださる方々も、少しずつ増えてくるようになりました。「おいしい」とお手紙をくださるお客様もおられます。とても嬉しいことです。そして、このようなお客様の声に自信を得、『ぶなのしずく』以外の酒造りにも、『ぶなの恵み』を使っていくようになりました。

ところで、以前は、「淡麗辛口」な清酒が非常に好まれ、そのような清酒が多くの話題を呼んでいました。しかし、近年、嗜好の多様化の反映か、さまざまな個性の清酒が登場するようになり、また受け入れられるようになったと感じます。

『酔心』では、毎年、広島県内だけではなく、東京、横浜、大阪、神戸、札幌といった都市にもセールスがおもむき、お客様と直接対面する試飲販売を行っています。そのような機会を通して近年、感ずることは、やはりお客様の嗜好が多様化していることです。

また、同時に、清酒に興味を持たれるお客様層の広がりも感じます。特に、女性のお客様からお声がけいただく機会が、以前よりも増えているようです。そして、そのうちの多くの方々が、「芳醇旨口」、品の良い香りと甘味を感じるような清酒を好まれるのです。

近年では、雑誌やネットを見ていても、「淡麗辛口」だけでなく、「芳醇旨口」な清酒に触れる記事をちょくちょく見かけるようになりました。

以前、東京で飲食店などに『酔心』の酒を卸しているお得意先の役員さんが、「『純米吟醸 酔心稲穂』は、10人に飲んでもらうと、そのほとんどの人が『おいしい』『どんな肴にも合いそう』と言ってくださる酒。飲み飽きないのか、リピートが多く、いろいろな酒を飲まれても、最後は『酔心稲穂』に帰ってこられる。一方、『ぶなのしずく』は、10人に飲ませると、うち2、3人が『これでなくてはダメ。これ以外はダメ』と、強烈なファンとなることがある。そのような方は、なぜか女性が多い」と、言われていました。

『純米吟醸 酔心稲穂』の以前の特徴を、あえて言葉にするなら、「品の良い穏やかな香りで、なめらかな味わい。ほのかにお米の旨味が余韻となる」というものでした。『ぶなの恵み』を酒造りに使い始めた後、それは、「品の良い穏やかな香りで、キメ細やかでなめらかな味わい。ほのかにお米の旨味が余韻となる」に、昇華したように思います。お料理を引き立てるおとなしさのなかに、適度な存在感もあって、さながら〝ご飯〟のように飽きがこない風味があるのだと思います。

一方、『ぶなのしずく』は、『ぶなの恵み』に導かれるように醸し出されたもの。「稀に見る軟水」によるゆったりとした発酵から生まれるその特徴は、前にも触れた通り、「辛口なのに甘露―すっきりとした口当たり。キメ細やかでなめらかな、そして品の良いほのかな甘味を感じさせる風味」この〝ほのかな甘味〟は、「軟水醸造」が生む〝香り〟と〝味わい〟の双方に由来するように思います。そして、これが「芳醇旨口」につながっているのだと思います。

「芳醇旨口」な『ぶなのしずく』には、これまで清酒の主要な消費層ではなかった、女性の方などへの発信が期待できると信じています。

『窮極の酔心』――精米歩合30パーセントにまで磨いた『山田錦』を醸す酒

『ぶなのしずく』を世に送り出した後、徐々に他の酒の造りにも『ぶなの恵み』を使うようになり、ほどなくすべての酒造りに『ぶなの恵み』を使うようになりました。当時の『酔心』の酒造責任者・平杜氏も、『ぶなの恵み』への理解をだんだんと深めていきました。

先にも触れましたが、平杜氏は岡山県高梁市出身の「備中杜氏」。20歳のときから『酔心』での酒造りに従事し、平成7酒造年度から杜氏になりました。そして、平成30年（2018年）10月に引退するまでの50数年にわたって、『酔心』での酒造りに携わった人です。また、自身は農家でもあり、自家の田んぼだけでなく、高齢化した近在の家の田んぼも引き受けて、稲作を行っていました。米への愛着の深い杜氏でした。

平杜氏は、その酒造りの経歴における最後の約20年、「稀に見る軟水」と呼ばれる『ぶなの恵み』による酒造りの確立にまい進してくれました。『ぶなの恵み』を使う『酔心』独自の「軟水醸造」の礎を確固たるものとしてくれたことは、平杜氏の功績です。

さて、嗜好が多様化していく時代背景のもと、父は『酔心』のブランド価値の向上を意図して、さらに高付加価値の商品開発を考えていました。祖父が使い始めた兵庫県三田市産の『山田錦』、これを磨き上げたらどうなるだろうか。

そこで、父は精米業者さんに「『山田錦』をどこまで磨く自信がありますか?」と問うたのです。「よく考えさせてください」という答えがあったしばらく後、「30パーセントまでならやり遂げます」という返事があったそうです。

こうして、精米歩合30パーセントまで磨いた、兵庫県三田市産『山田錦』を使う大吟醸の酒造りが始まったのです。

『山田錦』は大粒米。普通の飯米と比べると、見た目で粒が大きいことが分かります。その中心には、「心白」と呼ばれる白く不透明な部分があります。この米を精米歩合30パーセント、即ち、もとの3割の大きさになるまで磨くと、純白の仁丹のような小粒となります。デンプン質に富む「心白」の部分が磨き出されて、このようになるのでしょう。

その美しい外面とは裏腹に、ここまで磨き込んだ『山田錦』は、酒造りにおいて極めて扱い難い米なのです。特に、洗米・浸漬で大変に気を使います。普段の酒造りに比べ、大吟醸を仕込むときの米への吸水は抑え目に調整されます。麹造りへの最適な蒸米をつくるため、あるいは醪での過度な米の溶解を抑えるため、などといった理由があります。

しかし、その日の気候や気温、洗米・浸漬水の温度、米の温度や性状などにより、米が水を吸う速度は微妙に異なってきます。また、栽培された年などによっても、米の性質は微妙に異なってくるのです。

ですから、これは酒造り一般について言えることですが、その年の米の性質を早い時期に大まかに把握するとともに、その日の米の性状と吸水の具合を速やかに把握することは極めて重要です。ましてや、精米歩合30パーセントまで磨き込んだ『山田錦』となれば、その成否はでき上がる酒の品質を決定づけると言っても過言ではありません。

父からは、何かに挑戦しようとするたび、「失敗してもいいから、やってみろ」と言われてきました。しかし、平杜氏自身は、「酒造りにおいて、決して失敗は許されない」と考え、取り組んできたと言います。精米歩合30パーセントまで磨き込んだ『山田錦』と『ぶなの恵み』をあわせて行う「軟水醸造」に、平杜氏は慎重に取り組んでいきました。

私も、何度も、平杜氏が精米歩合30パーセントの『山田錦』と『ぶなの恵み』による大吟醸造りに格闘している場面に立ち会いました。それこそ、「この人、いつ寝ているんだろう」と思うことがしばしばありました。

基本、私は平杜氏がやることに口を挟みませんでした。日夜、酒造りに寄り添っている人にこそ、真理は見えるはずですから。ただ、「おやっさん、大丈夫ですよ」としか言っていなかったように思います。私が口を出すのは、平杜氏から意見を求められたときと、平杜氏が迷って決めかねたときのみ、そう考えていました。

蒸し上がった『山田錦』は、低温に維持されている仕込み蔵で、布を敷いた簀子(すのこ)の上に広げられます。乾燥していくに従い、透明なダイヤモンドの粒のように見えてきます。これと『ぶなの恵み』を仕込んだ醪は澄んだ乳白色を呈し、その表面にはキメ細かい泡が浮かんでは消え、生きた酵母の営みがあることを見せてくれます。

でき上がった酒は、限りない透明感を感じさせるもので、華麗で品の良い香り、キメ細やかでなめらかな味わいで、上品でほのかな甘味を感じさせるものでした。そして、目をつむると、『ぶなの恵み』を汲み上げる井戸周辺の青々とした森の情景が、心に浮かぶような気がしました。

このとき、『酔心』独自の「軟水醸造」が確立されたのだと思います。

こうして生まれた大吟醸酒は、平成12年（2000年）、13年（2001年）、14年（2002年）と3回連続して全国新酒鑑評会で金賞を受賞しました。先に触れた、高祖父・英三、曽祖父・薫の時代に全国酒類品評会で3回連続して優等賞を受賞したことを想起させる快挙でした。

そして、この大吟醸酒は、父により『窮極の酔心』と名付けられました。祖父が使い始めた兵庫県三田市産の『山田錦』、父が見出した福富町の「鷹ノ巣山」山麓で汲み上げる『ぶなの恵み』、そして『酔心』一筋の備中杜氏・平暉重が確立した『酔心』独自の「軟水醸造」の技、このいずれもが欠けても、生まれてくることはなかったでしょう。

ワイングラスでおいしい日本酒として、また海外からも評価された『窮極の酔心』

こうした苦心の末に生まれた『窮極の酔心　大吟醸』を世に送り出したところ、まず贈答品としてお求めいただく機会を得るようになりました。特に、「父の日」の贈り物として選んでいただく機会が増え、それを起点に徐々に広がっていき始めたのです。今では、『純米吟醸　酔心稲穂』と並ぶ看板商品に育つに至っています。

『窮極の酔心　大吟醸』は、いわゆる「ワイングラス」で嗜んでいただくと、その華麗で品の良い香りが際立ってくるようです。それは、余韻として感じるほのかな甘味と相まって、この酒の美点をさらに増幅させるようです。多くの方から、ワイングラスで楽しまれていることを伺っています。

実際、『窮極の酔心 大吟醸』は、「ワイングラスでおいしい日本酒アワード2015」および「同2018」で最高金賞を受賞しました。また、『窮極の酔心 大吟醸』は、英国で開催された「インターナショナル・ワイン・チャレンジ2017」でも金賞を受賞しています。

近年では、成田空港の国際線の売店に品揃えされて人気商品となっています。また、海外にも輸出されるようにもなってきました。

普段は、ワインセラーや冷蔵庫で保管していただき、お飲みになる少し前に出していただいて、ワイングラスに注いでお楽しみいただければと思います。

コラム 井戸を掘るのは至難の業

軟水井戸を祀る祠

20世紀の終わり頃、それまで『醉心』が使っていた井戸水の水質が変化してしまったこと、そしてこのため、新たな水源を探してほうぼうで井戸を試掘したことは、本章でお話した通りです。
しかし、実際に井戸を掘る現場を見てしみじみとわかりましたが、井戸を掘って目的とする水を得ることは極めて難しいことなのです。なにせ、目に見えない地下のことです。実際に掘ってみないとわからないのです。掘る場所を数メートル移動させただけで、出てくる水の水質が異なることもあるのです。また、掘る深さによっても、水質が異なることもあるのです。

井戸を掘っている間、その専門の業者さんといろいろお話する機会がありました。印象的な場面をいくつも記憶しています。はるか遠くから井戸を掘る地点に至るまでの地形、沢の位置、勾配の様子などを見ながら、井戸を掘るポイントを決めていた姿。井戸を掘削しているとき、掘り出されてくる砕石を見つつ、「そろそろ、水が出そうですよ」と言われた直後、水が出てきたことなど。その道のプロのすごさを、間近で見ることができました。

「軟水」は素材の味わいを引き出す水と聞きます。お茶などを淹れると、たしかにおいしい。父は、井戸を試掘するたび、その水を持ち帰ってコーヒーを沸かしました。当時を振り返り、父は、「『ぶなの恵み』で沸かしたコーヒーは絶品だった。このコーヒーを飲んだとき、この水なら必ずおいしい酒を造れると確信した」と、話しています。

前にも触れましたが、福富町は、『酔心』の3代目当主である薫の出身地でもあります。不思議な縁を感じます。「鷹ノ巣山」の麓まで、ご先祖様が導いてくれたのかもしれません。

第6章

六代目・雄一の時代に
次の100年に向けて

世代交代

私は、広島大学工学部発酵工学科に入学して同大学院を修了するまで、足かけ9年も広島大学に在籍しました。最初の1年半は、当時、広島市の千田町にあった広島大学のキャンパスに通い、残りの期間は東広島市の工学部に通いました。

大学4年生になったとき、私は発酵工学研究室に配属となり、その後の6年間はこの研究室に通いました。しかし、〝通った〟と言っても、大学院最後の3年間は、ほとんど研究室に〝住んでいた〟ような気もします。この3年間は、赤色を呈する酵母 *Phaffia rhodozyma* の研究をしていました。アスタキサンチンという物質を生産する酵母で、清酒酵母とは似ても似つきませんが、この酵母と楽しく過ごしました。不思議なことに、自分が扱っている微生物の周期に、自分の生活のリズムも合ってくるようです。ちなみに、この間の私の生活のリズムは、概ね72時間が一日のような感じでした。

発酵工学研究室では、永井史郎先生、西尾尚道先生のお二人の教授（両先生とも、広島大学名誉教授）に指導していただきました。また、前述の佐々木先生や、当時、広島県立食品工業技術センターにおられた土屋義信先生などの研究室出身の先輩を始め、多くの方々と知り合う機会を得ました。とても幸せなことでした。

六代目 山根雄一

私は平成10年（1998年）3月に広島大学大学院を修了、同年4月に醉心山根本店に入社しました。また、入社と同時に、東広島市にある国税庁醸造研究所（現独立行政法人酒類総合研究所）の共同研究員となりました。それから4年ほどは、主として醸造研究所に通い、必要に応じて会社に戻る生活となったのです。

醸造研究所は、一つ山を挟んで、広島大学の反対側に位置します。時折、広島大学に用ができ、歩いて向かうことがありました。ゆっくり歩いて30分位の距離でしょうか。途中、公園や広島大学の農場などもあり、のどかな風景が広がっていて、楽しいものでした。

私は、38歳のときに醉心山根本店の社長になりました。前にも触れましたが、それは、父が『醉心』に帰ってきたときの年齢と同じです。「会社が永く続くように、がんばんなさい」と、言われました。

そのときから、もう10年以上が経過しています。振り返ってみて、我ながらまだまだだなと、つくづく思います。

三原唯一の酒蔵として

私が入社して数年が経った頃、ついに『醉心』は三原市でただ一つの酒蔵となってしまいました。前にも触れた通り、三原は広島県でも歴史ある酒の産地で、三原酒は広島藩から徳川将軍家への献上品にも使われていたといわれています。しかし、時代の流れに抗うことはできなかったということでしょう。三原・尾道・福山・府中などを含む広島県東部（おおむね、旧令制国の備後国に当たります）全域でも、酒蔵はもう数えるほどしか残っていません。今も備後地方に残る酒蔵として、また古き銘醸地・三原唯一の酒蔵として、その酒造りの伝統を永く後世に伝える責任を、強く感じています。

現在、我が国では少子高齢化が進行し、また過疎化も進んで、多くの地域で人が少なくなりつつあります。かつての高度経済成長の時代は、年々人口も増え、旺盛な需要が存在していました。しかし、今は、人の減少とともに、地域の需要そのものが蒸発するように消えていっています。

一方において、嗜好は多様化。また、域外から、あるいは海外からもさまざまな品物が入ってきます。ネットの発達により、家にいながらにして、さまざまな情報に接することができ、また、さまざまな物品を購入することができる時代です。

地域から酒蔵が、一つまた一つと消えていく。そんな時代に、地酒の酒蔵に求められるものは何かと、時々考えることがあります。


数年前、市場視察のため欧州を訪れたことがあります。そのとき、現地でお会いした、欧州への清酒の輸出振興に携わられている方から、「地元で売れないから輸出で売ろうという考え方では、必ず失敗します。地元で愛され、地元に根付いている地酒だからこそ、海外でも売れるのです」というようなお話を伺いました。お話を聴いたそのときは、深い意味までは理解していなかったものの、妙に納得した記憶があります。

今、振り返ってみて、自分なりにそのときのお話が理解できた気がします。

多分、その方は、

「『地酒』＝『文化』である。地酒は、それ自体が育まれた地域の文化を体現するもの。地酒を売ることは、単に物資としての酒類を販売することではなく、その地酒を育んだ地域の文化を紹介すること」

そう言われたかったのだと思います。

三原唯一の酒蔵として、『醉心』は地域で愛される地酒であらねばならない。

そして、三原の地域文化を体現するものの一つとして、『醉心』の酒を全国に、そして海外に紹介したい。今では、そのように思っています。

地域の米に、地域の特質

我が国における稲作の歴史は大変古く、日本人と米の関わりは極めて深いと感じます。私は、稲作の歴史などについて、詳しい知識を持ち合わせてはいません。しかし、たわわに実った稲穂、黄金色に染まった田んぼを見ると、何か言い知れぬ郷愁のようなものを感じますし、同じような体験をされた方は多いのでないかと思います。

私たちの意識の奥底の部分に、先祖以来の米への感情が隠れているのではないかと思うことがあります。

『酔心』が酒造りに長く使っている『山田錦』の郷、兵庫県三田市には、「三田山田錦部会」という『山田錦』の栽培者の方々の集まりがあります。以前、部会長さんたちとお話ししていたとき、『山田錦』以外の食用の米について、話がおよんだことがあります。

そのなかで、その土地の気候風土により栽培する食用米が異なることなど、いろいろと興味深いお話を伺いました。また、近年の温暖化により、これまで扱ってきた食用米の栽培が難しくなって、現在の気候に適応するよう品種改良された別の食用米への置き換えが進んでいることなども知りました。お話を聴いて、米を巡る自然と農家との壮絶な戦い、という語句が頭に浮かびました。人類の長い歴史のなか、気候はさまざまに移ろってきたことと思います。今まで栽培してきた米の収穫が年を追うごとに少なくなっていく。年々、実りが貧弱になる田んぼのなかに、少しでも実り多い稲穂がないか。来年はこの種を増やしてみよう……。というようなドラマがはるか昔からあったのかもしれない、などと想像を膨らませました。

そう空想すると、今、その地域で普通に栽培されている米には、それへ至るまでの自然と人とのさまざまな物語があるのだと思い至りました。その地域の長きにわたる気候風土の移ろいと、そのもとで生きてきた人の営みが凝縮されているように思えたのです。

その地域で栽培されている米に、その地域の特質があらわれる。その米を醸した酒に、その地域の風土と文化が凝縮されるように思えました。秋に収穫した米で酒を醸し、その年の収穫に感謝してそれを神様に捧げる。古くから伝わるその行事に、地域の文化を感じるからです。

そして、地元・三原の米を使って、酒を造ってみたいな、と思いました。

地域の米を使った酒造り

三原の米による酒造りの機会は思ったよりも早く、また唐突にやってきました。

平成22年（2010年）、『酔心』は創業150年を迎えました。その前年、『創業一五〇年記念酒』を造る計画を立ち上げました。150年という節目に相応しい酒とはどんなものか。いろいろ考えた末に辿りついたのは、かつて『酔心』で分離された「協会3号酵母」を用いて、三原の米を醸して酒を造ることでした。創業の頃は、近在の米を用いて酒造りをしていたに違いない。また、当時は、いわゆる「蔵付き酵母」（『酔心』では「協会3号酵母」がこれに当たります）が自然に増殖してくるのを待って、酒造りを行っていたに違いない。そう考えたのです。

早速、日本醸造協会に問い合わせて、「協会3号酵母」を分与していただくこととしました。また、入手可能な三原市産の米を調べ、『ヒノヒカリ』という食用米を見つけたのです。平成二十一酒造年度、これらを用いて小規模な酒造りをタンク1本分行いました。本醸造酒の仕込みとしました。

実はこのとき、「協会3号酵母」による酒造りは数十年ぶり、『ヒノヒカリ』を麹米・掛米の双方に用いて酒造りをすることは初めて、という状態でした。本来なら、いろいろ研究を慎重に積み重ねてから、というのが定石でしょう。しかし、ここで躊躇していては、いつまで経っても三原の米で酒を造ることは叶わないと思いました。このときの酒造責任者は、前に登場した平暉重杜氏、補佐は橘義光副杜氏でした。ちなみに、橘副杜氏は『酔心』初めての大学卒の社員蔵人、私と同い年です。二人の、「稀に見る軟水」である『ぶなの恵み』を用いる「軟水醸造」の技術も成熟しており、これへの安心感もあって、取り組むことにしたのです。

搾りたてのその酒をきいたところ、爽快な香りと品の良い酸味を伴う、極めて印象的な風味でした。三原の名産・タコにとても合うだろうなと思いました。

記念の年・平成22年（２０１０年）９月、『名誉酔心 復刻の酒』と名付けたその酒を発売しました。限定１５００本。文字通り、瞬く間に完売してしまいました。

「協会三号酵母」を使うことも難しかったでしょう。しかし、本来は食用米であり、まだ一度も麹造りを体験したことがなかった『ヒノヒカリ』を扱うことは、ある意味もっと困難なことだったでしょう。しかし、平、橘はじめ蔵の面々はこれをやり遂げてくれました。

この体験から、三原の米を用いたときのように、地域の米を麹米・掛米の双方に用いる酒造りに自信を持つことができたのです。

現在、『醉心』の酒造責任者は橘杜氏です。入社以来、平前杜氏の下で酒造りに従事し、平前杜氏が積み上げた『醉心』の「軟水醸造」を体得してきました。そして、私の大学の後輩、半田尚副杜氏がこれを補佐しています。

一つの酒造期に、さまざまな種類の米で酒造りをすることは、なかなか骨の折れることです。その年の米の特質を早期に把握しなければなりませんし、それらのなかには酒造好適米ではない食用米も含まれるわけですから。

しかし、『醉心』の「軟水醸造」は、それぞれの米の特徴を存分に引き出すと思います。『ぶなの恵み』はお茶やコーヒーを淹れておいしい、素材の味わいを引き出す水ですので。これから毎年、橘杜氏・半田副杜氏やその他の若い蔵人たちとともに、『醉心』の「軟水醸造」にあらたなページを書き加えていきたいと思います。

現在、『醉心』には、複数の「地域の米」で醸す酒があります。もちろん、三田市産『山田錦』を醸した酒はいくつも。そして、三原市産『大粒ダイヤ』を醸した純米酒、福山市産『恋の予感』を醸した純米酒と本醸造酒など。まずは、これらをそれぞれの地元に根付かせること。そして、その次には、東京へ、そして海外へと、それらの地域の紹介も併せて、進めていきたいと思っています。

長期熟成の純米酒と、その酒で作った『酔心 酒ケーキ』

『酔心』の酒蔵には、ときの流れを忘れたように眠っている複数の純米酒があります。それらのなかでもっとも古いものは、貯蔵されてからもう20年を超えています。これらの純米酒は、ある出来事があった後、父が貯蔵を始めたものなのです。

今を遡ること20数年前、広島市のとある酒類卸店の方が、わざわざ三原の『酔心』本店まで、父を訪ねて来られました。その方は、『酔心』の一升瓶を携えてこられたのです。そして、おっしゃるには、「10年間、社内で保管していた『酔心』の一升瓶だが、先日、その味をきいてみると、驚くほどおいしくなっていたので、試飲してもらおうと思い、持ってきた」とのこと。早速、父が試飲すると、見違えるほどまろやかで、深い味わいになっていたのだそうです。

そこで父は、その年から毎年、その年に造った純米酒のうちでもっとも出来が良いものを、貯蔵タンク一本分ずつ、蔵内で手を付けずに貯蔵・熟成させることにしたのです。

貯蔵を始めて最初の数年は、ほとんど酒の風味は変化しませんでした。しかし、10年を超えたあたりから、急激に風味が変化し始めたのです。酒の色合いは穏やかな琥珀色へと変わり、品の良いカラメル、あるいは糖蜜様の香りが備わり、まろやかな味わいを増していきました。「芳醇」とは、まさにこの酒のことを言うのだろうか、私も試飲したときに、そう思いました。

貯蔵・熟成させた各年度の純米酒をきき比べたときに、非常に興味を引かれたことがあります。それぞれの個性が際立っているのです。また、必ずしも貯蔵年数に比例して、風味の熟成が進んでいるとは限らないのです。年数が長くても未だ軽快さを残す酒もあれば、比較的年数が短くても濃厚な風味に昇華しているものもあるのです。

いくつかの年度では、その年に造った稀少な純米酒を貯蔵している場合もあり、そのなかには、もう既に『酔心』では使っていない酒米で醸した純米酒もあります。

後になって知りましたが、長期にわたって酒を貯蔵・熟成させ、その風味を整えることは、非常に難しいのだそうです。近年の研究によると、清酒の長期熟成により生じる香りは、熟成が良好に進んだ場合とそうでない場合とでは、大きく異なってくるのだそうです。これは推測ですが、搾った段階では小さくて隠れていた欠点が、長く熟成させることで大きく目立つようになるのではないかと思います。丁寧に造り込まれた酒でないと、長期熟成には耐えられないのだと思います。

ちなみに、香りの面から見ますと、どうも『酔心』の長期熟成は良好に進んでいるようです。独自の「軟水醸造」でゆったりと醸された『酔心』の酒は、長期熟成に適しているのではないか。最近そう考えるようになりました。

ワインやウィスキーなどでは、長期熟成によって生まれる芳醇な風味が大きな付加価値となっています。かつて、長期熟成の清酒が珍重された時代もあったとも聞きます。長期熟成で生まれた『酔心』の芳醇な風味を、ゆっくりと丁寧に、一人一人のお客様に伝えていきたいと考えています。

『酔心』の蔵に貯蔵されるこれらの長期熟成の純米酒は、父が形成してくれた『酔心』の大切な財産です。時折、その酒をタンクから抜き出し、特別な商品を造るために使用しています。これからも、慎重に、これらの酒の貯蔵・熟成を見守っていきます。そして、このかけがえのない財産を、次の世代へと伝えていきます。数十年後にどんな〝表情〟を見せてくれるのか、とても楽しみです。

さて、長期熟成の純米酒を使った取り組みを一つご紹介します。『酒ケーキ』です。

以前より、清酒と縁のない方々に、少しでも清酒に触れていただく、少しでも清酒に興味を持っていただけるような取り組みができないものかと考えていました。そんなあるとき、縁あって製菓会社の方と知り合う機会がありました。聞けば、酒類を使ったケーキもつくられているとのこと。そこで、一緒に『醉心』の酒で『酒ケーキ』を開発することとなったのです。

しかし、その開発は、なかなか大変なものでした。一念発起して『酒ケーキ』をつくるからには、他に類を見ないような特徴のあるものをつくりたいと考えました。でき上がるケーキの風味は、使用する清酒によってほとんど決まってしまいます。つまり、どの酒を選ぶかが重要なのです。さまざまな清酒を試しました。大吟醸酒すら試しましたが、何か普通すぎて、どうしても納得できませんでした。

開発を始めてから、数年が過ぎました。そして、ふと思ったのです。蔵内で大切に貯蔵してきた長期熟成の純米酒を使ってみてはどうか。試みに、貯蔵10年に達した純米酒を使ってみることにしました。酒に浸した後、約1ヶ月寝かせてでき上がった『酒ケーキ』は、まことに絶品でした。長期熟成の純米酒に備わった糖蜜のような芳醇な風味が、ケーキに濃厚で深い味わいを与えていたのです。ただし、使う酒は『酔心』秘蔵のもの。一度に多くの数をつくることなく、大切につくり、大切に売ることとしました。

現在、『酔心 酒ケーキ』は、『酔心』本店のみで、本店においでくださった方のみにご紹介しています。このケーキが、三原の街にお客様がお越しくださる一つのきっかけとなってくれたらいいな、と思っています。

次の100年に向けて

毎年7月1日に、酒蔵の一年は始まります。いわゆる「酒造年度」の始まりです。7月には、福富町の『鷹ノ巣山』山麓の井戸周辺を整備、そして設備の補修・機械整備など酒造りの準備を少しずつ始めます。

9月には、前年度に造った酒の品質や熟成の度合いをチェックする「初呑み切り」があります。そして、この月の終わり頃には、いよいよ酒造りが始まり、最初の米を洗います。翌10月には、その年度の最初の「仕込み」があり、醪造りが始まります。そしてこの月の終わりか11月の始めに、最初の新酒が搾られるのです。『酔心』では、毎年、最初に搾る純米酒を「無濾過生原酒」で販売しますが、この酒が出荷され始めると、「いよいよ今年度も、本格的な酒造りの季節になったな」と感じます。

11月になると、純米吟醸の新酒が搾られ始めます。そして、その年度最初の大吟醸・純米大吟醸の造りが相次いで始まります。12月には、酒造りの一つの山を迎え、蔵内は蜂の巣を突っついたような状況になります。そして徐々に仕込みが終わり、年末には酒造りのピークが一旦過ぎていきます。

12月が終わり、1月を迎えると、大吟醸・純米大吟醸の本格的な仕込みが始まり、酒造りは大きな山場を迎えます。ここから3月にかけてはまさに怒涛の期間、次々に大吟醸・純米大吟醸・純米吟醸などが仕込まれ、また搾られていきます。

3月半ば、その年度2度目、そして最後の「無濾過純米生原酒」を瓶詰め、一斉出荷します。この酒を見送ると、今年度もようやく山を越したと感じます。4月には、その年度最後の米を蒸す作業を終えますが、これを「甑倒し（こしきだおし）」と呼んでいます。その後、発酵が目標値に達した醪を順次搾り、5月初めには酒造りの終わりを示す「皆造（かいぞう）」を迎えます。そして、蔵内の清掃・片付けを念入りに行い、6月30日の年度終わりを迎え、また次の酒造りの準備が始まるのです。

このように、酒蔵の一年間はあっという間に過ぎていきます。今までは、目の前のこと、その一年のことを考えるだけで精一杯だった気がします。

私が大学生の頃、ある先生が講義でお話になったことを記します。その先生

は、『十年一仕事』という言葉を引用され、
「皆、将来、どんなところに勤め、どんな仕事をするのかはわからない。しかし、どんなに地味でも、働いているところで大切にされる人間になりなさい。

そのためには、大学院に残るにしても、また就職するにしても、10年間、一つのことを突き詰め、取り組むといいですよ。どんなに小さく、またどんなに地味に見えても、その分野の基礎・基盤となることを選んで。地味に見えることは、誰もやりたがらないから。

10年間、真剣に取り組めば、必ずものになる。その分野の基礎・基盤の〝ニッチ〟な部分のエキスパートなんてそうはいない。そうなれば、たとえ大きく出世しなくても、必要な人として大切にされます」というようなことを、話された記憶があります。

このたび、この文章を書いていたあるとき、大学時代に聞いたこのお話を、

ふと思い出しました。「会社は継続されることが最も大切なこと」と、いろいろな方から伺います。また、「必要とされるからこそ、会社は継続される。規模の大小は関係ない」とも伺います。未だ経験過少で浅才非学な私が言えたことではありませんが、会社も人と同じかもしれません。

『酔心』が、今ここに存在しているのは、『酔心』のお酒を飲んでくださっている、必要と感じてくださっている多くのお客様がおられることに尽きます。では、何をもって〝必要〟と感じてくださっているのか。それは、これまで『酔心』の先達がそれぞれの時代に創り、そして継続してきてくれたことのなかにあると思います。

源四郎が三原の酒蔵を購入して酒造りを始めたこと。英三が『酔心』のブランドを創ったこと。薫が『酔心』の「軟水醸造」の礎を固めたこと。祖父・卓三がその「軟水醸造」に『山田錦』を根付かせたこと。そして、父・秀朋が『純米吟醸』を生み、また『ぶなの恵み』を見出して「軟水醸造」を飛躍させたこと。確かなかたちで継続されてきたそのすべてが〝信用〟となり、『酔心』を〝必要〟

としてくださるお客様を生んでいったのでしょう。

先にも触れましたが、『醉心』のような地酒の酒蔵には、基盤となる地元が必要です。地域の伝統文化や食文化に地酒はつながっています。地元で愛され、また必要とされるからこそ、地酒蔵は存在し続けることができ、また県外にも海外にも打って出ることができるのだと思います。しかしながら、地元とのつながりは一朝一夕でできるものではなく、世代を重ねて培われるものであろうと思います。

今の『醉心』には、三つの地元があります。それは、『醉心』がある三原、『山田錦』の郷・兵庫県三田、そして『ぶなの恵み』の源・福富。そして、私の世代以降は、三原から広がって、隣町で山根家の発祥の地でもある尾道、私の母の郷・福山を含む備後南部も地元であると考えています。独自の「軟水醸造」を発展させつつ、次の100年、世代を重ねながら、広がる地元とのつながりを深めていきたい、そう考えています。

コラム

お燗は日本独特の文化

昨今、燗酒が見直されつつあると聞きますが、『酔心』にも、ぬる燗がおすすめの酒がいくつかあります。『酔心』の主軸商品である『純米吟醸 酔心稲穂』は、その一つです。

「純米吟醸酒なのに、お燗にしてもいいの?」と言われる方もおられますが、この酒は、品の良い穏やかな香りで、キメ細やかでなめらかな味わいの「味吟醸」です。寒い時期には、後述するところの人肌燗からぬる燗でお召し上がりいただくと、芳醇でなめらかな旨味をお楽しみいただけると思います。温かい鍋料理などのお伴にされれば、さらにお楽しみいただけるでしょう。

また、この温度帯ですと、一般的には清酒と合わせることが難しいといわれる肉料理ともぴったり合うことがわかり、私自身びっくりいたしました。三原市のあるイタリアンレストランのシェフがいろいろ研究され、鶏肉のコンフィやトマト系の煮込み料理とも相性がいいことを見出し、「清酒とこんなに合うと思わなかった」と驚かれていました。

ちなみに、ご家庭でぬる燗をお楽しみになりたいときは、鍋にお湯を沸騰させて火を止め、お酒の入ったチロリ（金属製の酒器）を1分間湯煎すると、ちょうどいい温度になるそうです。

「お燗」という飲み方は、世界中を探しても、清酒以外ではほとんど目にしないと思います。昔は、料亭や料理屋には、「お燗番」と呼ばれる専属でお燗を用意する方がいたと聞きます。お客様の様子を伺いながら、お客様のもとで酒が注がれるときにちょうど良い状態となっているように、お燗を準備していたのだそうです。お燗の塩梅によって、お料理もより一層おいしく楽しむことができたのでしょう。

「お燗」とは、とても日本人らしい繊細な楽しみ方だと、つくづく感じます。

第7章

『酔心』のさまざまな味わい方

清酒は、10℃を下回るようなオン・ザ・ロックから、50℃を超える燗酒までの、幅広い温度帯で、その味わいの変化を楽しむことができる世界でも珍しいお酒です。また、四季折々のお料理に合わせて、さらに奥深い清酒の世界を楽しむことができます。

ここでは、『酔心』の飲み頃温度や相性のいいお料理のほか、『酔心』を使ったカクテルのつくり方などをご紹介いたします。

タイプ別の飲み頃温度

清酒は、一般的に、冷やすと飲み口が引き締まり、逆に温めると香りや旨みが広がって、まろやかな飲み口になるといわれています。お酒の特徴に合わせて温度帯を変えることで、そのおいしさがさらに引き出されます。スローフードが見直されている今、「燗酒」も再注目されているようです。次のような日本の情緒に呼応した温度帯で、自分に合った温度を発見するのも楽しみの一つです。ご参考までに、各温度帯におすすめの『酔心』ラインアップも、併せてご紹介いたします。

《雪冷え（ゆきひえ）／5℃》～《花冷え（はなひえ）／10℃》

口当たりに冷たさを感じる温度帯です。生酒や原酒、吟醸酒、大吟醸酒などが適しているといわれています。『酔心』の酒は《花冷え》ぐらいがおすすめです。

［おすすめの『酔心』］「鳳凰酔心『窮極の酔心 大吟醸』」、「ぶなのしずく 純米大吟醸」、「純米大吟醸生地　名誉酔心」、「酔心 瓶囲い純米吟醸生原酒」、「酔心 純米吟醸生貯蔵酒」、「ぶなのしずく 本醸造生貯蔵酒」、「酔心 究極の五段仕込」、「酔心 生貯蔵酒」

《涼冷え（すずひえ）／15℃》～《冷や（ひや）／20℃》

いわゆる、〝常温〟。そのお酒本来の味わいをもっとも感じることのできる温度帯です。吟醸酒、純米酒などが適しているといわれています。

[おすすめの『酔心』]「純米大吟醸生地 名誉酔心」、「酔心 山田錦一〇〇％純米吟醸」、「純米吟醸 酔心稲穂」、「純米酒 酔心米極」、「ぶなのしずく 純米酒」、「ぶなのしずく『青』特別本醸造」、「酔心 究極の五段仕込」

《日向燗（ひなたかん）／30℃》〜《人肌燗（ひとはだかん）／35℃》

ほのかな、あるいはほどよい温かさを感じる温度帯です。純米酒などが適しているといわれています。

[おすすめの『酔心』]「純米吟醸 酔心稲穂」、「純米酒 酔心米極」、「酔心『軟水の辛口』純米酒」、「酔心 究極の五段仕込」、「ぶなのしずく 白ラベル」

《ぬる燗（かん）／40℃》〜《上燗（じょうかん）／45℃》

やや熱さを感じる温度帯です。上燗は注ぐと湯気が立つくらいの熱さです。芳醇で旨みのしっかりしたタイプのお酒が適しているといわれています。

［おすすめの『酔心』］「純米吟醸 酔心稲穂」、「純米酒 酔心米極」、「酔心『軟水の辛口』純米酒」、「ぶなのしずく 白ラベル」、「酔心 匠の辛つくり」

《熱燗（あつかん）／50℃》〜《飛切燗（とびきりかん）／55℃》

かなり熱いと感じる温度帯です。香りやアルコールを強く感じやすくなります。普通酒、本醸造酒などが適しているといわれています。

［おすすめの『酔心』］、「ぶなのしずく 白ラベル」、「酔心 匠の辛つくり」

※お酒によっては、冷やしすぎると旨みや香りが薄れ、温めすぎるとバランスが崩れる場合があります。

酔心 定番商品の味わい分布図

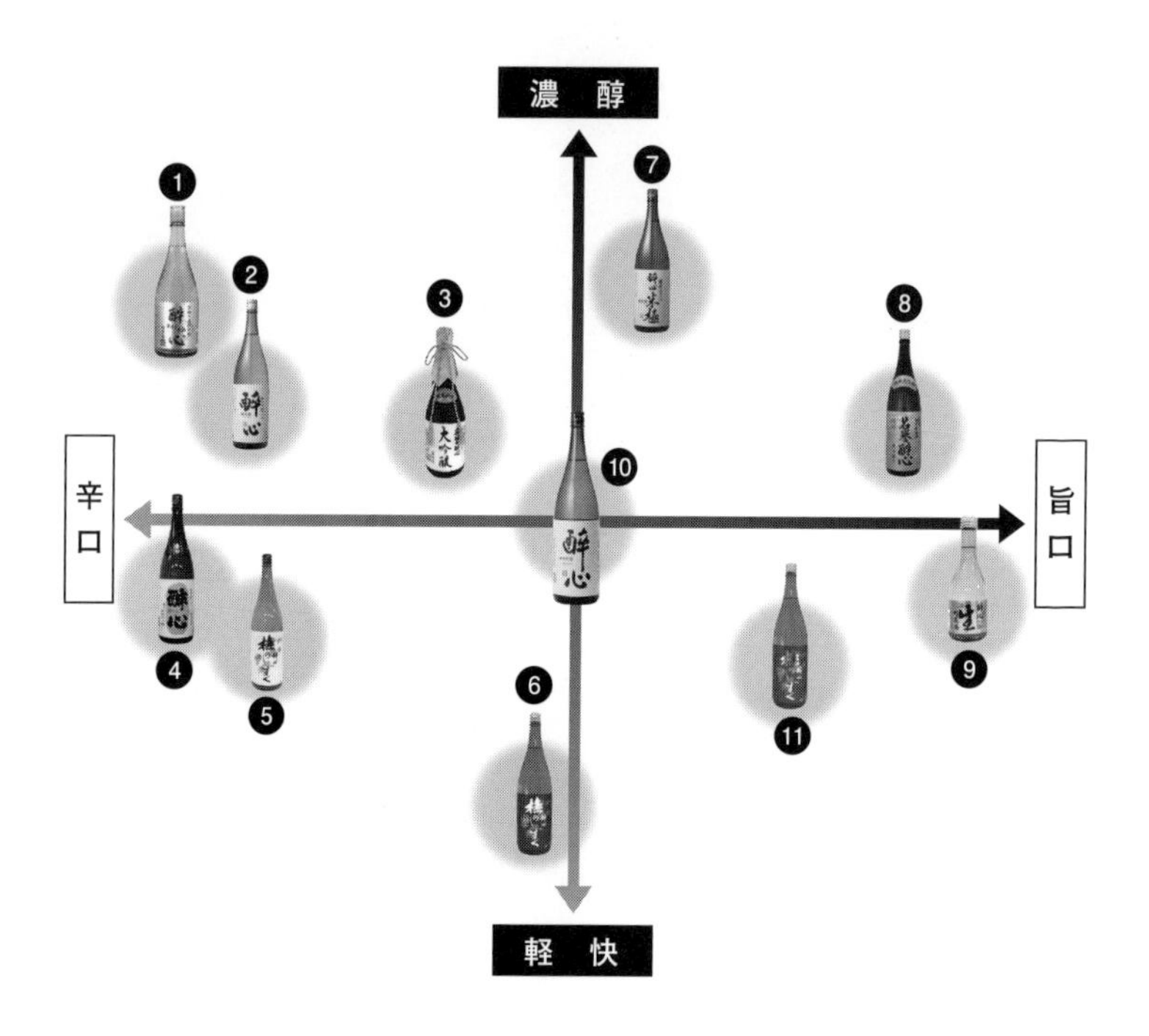

❶ 酔心 究極の五段仕込
❷ 酔心「軟水の辛口」純米酒
❸「究極の酔心」大吟醸
❹ 酔心 匠の辛づくり
❺ ぶなのしずく 白ラベル
❻ ぶなのしずく「青」特別本醸造
❼ 純米酒「酔心米極」
❽ 純米大吟醸生地 名誉酔心
❾ 酔心 生貯蔵酒
❿ 純米吟醸「酔心稲穂」
⓫ ぶなのしずく 純米酒

『酔心』と相性のよい料理

独自の「軟水醸造」により醸し出される『酔心』のお酒は、お料理との相性も和洋中問わず、多くの可能性を秘めています。ここでは、その一部をご紹介します。ここに記した以外にも、ご自分のお好みに合わせて、『酔心』のいろいろなお酒で、さまざまなお料理とのペアリングを、ぜひ探求してみてください。

《大吟醸酒・純米大吟醸酒》

『酔心』の大吟醸酒・純米大吟醸酒に共通する特徴は「芳醇で、なめらかな旨味」。ここには、上品な甘味を与えるお料理を挙げました。また、食前酒としてもおすすめです。

・伊勢海老のボイル　レモン添え
・スズキのカルパッチョ

・あなごの白焼
・牡蠣のたたき
・ふぐの刺身
・こんにゃく刺身
・生牡蠣
・白身魚のテリーヌ
・ハモの湯引き
・山菜の天ぷら
・わたり蟹のボイル
・海老の塩焼き
・鮎の塩焼き
・鰆のたたき
・イチゴ　　ほか

《純米吟醸酒》

『酔心』の純米吟醸酒に共通する特徴は「キメ細やかでなめらかな味わい」。ここには、素材の旨味を活かしたお料理を挙げました。この酒はお料理との広い相性をお楽しみいただけます。和洋中を問わず、お好みで色々とお試しになり、ご自分の好相性のお料理を探求してみてください。

・タコとわけぎのぬた
・タコのマリネ
・タコのカルパッチョ
・オコゼの天ぷら
・山菜の天ぷら
・海老や蟹のボイル
・イカそうめん
・しゃぶしゃぶ
・スモークサーモン

・蒸し鶏
・タコの天ぷら
・小イワシの刺身
・シャコのボイル
・湯豆腐
・カプレーゼ
・棒棒鶏
・こんにゃくの白和え
・ギザミの南蛮漬
・鰆の西京焼き　　ほか

《純米酒》

『醉心』の純米酒には、柔らかな辛口のもの、濃醇な旨味のあるものなど、さまざまな種類があります。ここには、淡白な素材をコクのある味わいに仕上げたものを挙げてみました。また、ぬる燗などで、肉料理など濃厚なお料理ともお楽しみになってみてください。

・アスパラバターソテー
・タコのやわらか煮
・メバルの煮付け
・きのこのソテー
・焼鳥（タレ）
・すき焼き
・海老のから揚げ
・筑前煮
・みそ田楽
・あさりの酒蒸し
・茄子の揚げ出し
・ふろふき大根

・あなごの天ぷら
・スズキのポワレ
・牡蠣の土手鍋
・でべら

※そのほか、ナチュラル系チーズ（純米吟醸酒・純米酒・熟成酒）、あんぱん（全般）、シナモン・レーズンパン（全般）などもおすすめです。

『酔心』を使ったカクテル

これまで、清酒ベースのさまざまなカクテルが提案され、楽しまれていいます。ライムと合わせる「サムライロック」は、その代表的なものの一つといえましょう。

三原の街のスタンドなどでも、『酔心』の酒をベースとするさまざまなカクテルが出されています。たとえば、『三原ハイボール』。以前から三原では、「スマック」というクリームソーダが親しまれています。『醉心』の酒と、濃密な甘味がありながら後味がスッキリしている「スマック」を5対5、あるいは6対4の比率で合わせ、氷を入れ、ライムを添えれば、でき上がりです。イチゴをつまみながら楽しむとオシャレだそうで、仕事や旅の疲れを癒やしてくれるのだそうです。

また、バーテンダー協会・備後支部の方々が考案された、『浮城桜』、『瀬戸内モスコ』、『よいだるま』、『Sky Octopus』といった、さまざまな『醉心』ベースのカクテルも、三原市内のいくつかのお店で楽しむことができます。以下、この4つのカクテルをご紹介します。

[浮城桜]

桜がほのかに香り、『醉心』と合わせることで、和を強く感じるカクテルです。トニックウォーターですっきりさわやかな飲み口。味覚で感じる三原の春。桜の季節が待ち遠しくなります。

［瀬戸内モスコ］

カクテルの定番・モスコミュールを応用。ひやしあめと『酔心』で、三原のノスタルジーを味覚で感じられます。ほのかに香るジンジャーがアクセントです。

［よいだるま］

しっかりした甘さと香りが華やかな梅酒と『酔心』のショートカクテルです。梅酒好きな方にぜひ味わっていただきたいです。

「三原ハイボール」。「酔心『軟水の辛口』純米酒」（右端）とスマック（左端）をあわせて。

［Sky Octopus］

清酒の味わいをレモンの酸味ですっきり仕上げたショートカクテルです。

おわりに

今回、縁あって、この拙い文章を書かせていただく機会を得ました。また、そのおかげで、三原のこと、そして『酔心』のことについて振り返る貴重な機会をいただいたように思います。

私は生まれてから今に至るまで、三原を離れたことがありません。三原以外の街で暮らした経験もありません。大学・大学院へも、下宿をすることなく、三原から通いました。不思議なことに、これまで三原を離れて暮らすという考えが頭に浮かんだことはなく、三原に住み続けることに何の疑問も持ったことはありませんでした。

なぜ三原を離れなかったのか。地元の大学に進んだから、他所で就職しなかったから、家業があったからなどありますが、本当のところその理由はわかりません。しかし、今回、この文章を書いていて、つくづく思いました。やはり、私は三原のことが好きなのだと。理由はよくわかりません。多分、代々の先祖から続く私の〝遺伝子〟に組み込まれていることなのでしょう。

たしかに、三原はとても住みやすい街です。気候は温暖で、天災は少ない。市内にはさまざまな産物があります。交通も便利で、街はコンパクトにまとまっています。遠くから定期的に来られる方を外食に連れて行くと、「三原はどの店に行っても、出てくる料理がおいしい。こんな街を他に知らない」と、あるとき言われました。

しかし、少子高齢化、そして過疎化は、三原でも確実に進行しています。まわりに空き家が少しずつ増え、子どもの数も随分少なくなりました。寂れ行く街を見ると、こんないい街なのにと、時折、寂しくなります。

故に、思います。『酔心』の酒を通して、いろいろな人に三原を知っていただきたいと。


これまでの160年におよぶ『酔心』の営みのなかで、三原以外にさらに二つの〝地元〟が私たちにはできました。一つは『山田錦』の産地・兵庫県三田市であり、今一つは『ぶなの恵み』の源・福富町です。秋に三田を訪れ、たわわに実った稲穂を眺めると、日本の原風景を見るようで、とても落ち着きます。春に福富の水源に行くと、新緑のなかに、沢を流れる清らかな水音に、心癒やされます。

そして、尾道・福山・府中市を含む備後の地。冒頭、「吉備の酒」に触れましたが、備後も吉備のなかに含まれるのでしょう。もしも、かつて天下に名を馳せた「三原酒」の源流が「吉備の酒」に辿り着くなら、「三原酒」は「吉備の地酒」。今や三原唯一の地酒『醉心』にとって、備後は地元、吉備も地元。

次の100年、「三原の地酒」、「三田の地酒」、「福富の地酒」、そして「備後の地酒」と皆様に言われるよう、努めていきたいと思います。

最後に、この文章を書くにあたってお世話になったすべての方々に御礼を申し上げます。また、これまで『醉心』に関わってくださったすべての方々にも、御礼を申し上げます。

《参考文献》

秋山裕一「日本酒」一九九四年　岩波書店
池田明子「吟醸酒を創った男―「百試千改」の記録」二〇〇一年　時事通信社
鬼内仙次「ある少年兵の帰還」二〇〇一年　創元社
工藤美代子「われ、巣鴨に出頭せず―近衛文麿と天皇」二〇〇九年　中央公論新社
佐々木健「広島・中国路　水紀行」一九八九年　渓水社
佐々木健「広島県の名水―水質にこだわった名水50選」二〇〇五年　名水バイオ研究所
筑紫甲眞「廣島縣三原市豊田郡の歴史と博説」一九五一年　筑紫甲眞
（公財）日本醸造協会編「清酒製造技術」一九九五年
NPO法人 日本ホテルレストラン経営研究所 理事長 大谷晃／日本料理サービス研究会監修「日本料理の支配人 スタッフを育て、売上げを伸ばす」

二〇一九年　キクロス出版
樋口季一郎／樋口隆一編集「陸軍中将　樋口季一郎の遺訓―ユダヤ難民と北海道を救った将軍」　二〇二〇年　勉誠出版
三原市「三原市史　第四巻　資料編第一」　一九七〇年　三原市
三原市「三原市史　第二巻　通史編二」　二〇〇六年　三原市
三原市「三原市史　第七巻　民族編」　一九七九年　三原市
三原市教育委員会生涯学習課編集・発行「名醸　三原酒」　二〇一〇年
山崎愛一郎「『三原学』事始め第6回　名醸三原酒1」　二〇一五年
横山大観「横山大観―大観画談」　一九九九年　日本図書センター
吉田俊雄「写真で見る太平洋戦争5　大和と武蔵―日本海軍が誇る超戦艦」　一九七九年　秋田書店

著者紹介

山根 雄一（やまね・ゆういち）

万延元年（1860年）創業の醉心山根本店の六代目社長。広島大学工学部・大学院で発酵工学を学ぶ。大学院修了後は醉心山根本店に入社。また同時に東広島市にある国税庁醸造研究所（現独立行政法人 酒類総合研究所）の共同研究員となる。平成21年（2009年）社長就任。趣味は読書で、特に歴史ものを好む。

http://www.suishinsake.co.jp/

三原唯一の酒蔵 「醉心」から届いた手紙

2021年4月9日　初版第1刷発行

著　　者　山根雄一

発 行 人　田中朋博
編　　集　芝紗也加　宮嶋尚美
装　　丁　村田洋子
D T P　岡田尚文
校　　閲　菊澤昇吾
編集協力　三原市
販　　売　細谷芳弘
印刷・製本　株式会社シナノパブリッシングプレス
発　　行　株式会社ザメディアジョン
〒733-0011 広島県広島市西区横川町2-5-15
横川ビルディング1階
TEL：082-503-5035　FAX：082-503-5036

※落丁本、乱丁本は株式会社ザメディアジョン販売促進課宛てにお送りください。
送料小社負担でお取り替えいたします。
 ISBN978-4-86250-690-0